本书受到以下研究项目的支持：

国家自然科学基金面上项目
“能源技术进步偏向与内生环境治理：理论机制与政策取向”（项目号：72174180）

四川省哲学社会科学重点研究基地一般项目
“‘双碳’目标下能源技术进步偏向的结构测度与政策驱动机制研究”（项目号：XHJJ-2408）

四川省哲学社会科学重点研究基地一般项目
“能源技术创新驱动天然气产业高质量发展的机制与路径研究”（项目号：SKB23-06）

中国能源技术进步偏向：
政策驱动与环境影响

屈放◎著

西南财经大学出版社
中国·成都

图书在版编目(CIP)数据

中国能源技术进步偏向:政策驱动与环境影响/屈放著.--成都:西南财经大学出版社,2024.8.
ISBN 978-7-5504-6337-0
Ⅰ.TK01
中国国家版本馆 CIP 数据核字第 2024QT0563 号

中国能源技术进步偏向:政策驱动与环境影响
屈放　著

策划编辑:刘佳庆
责任编辑:刘佳庆
责任校对:植　苗
封面设计:墨创文化
责任印制:朱曼丽

出版发行	西南财经大学出版社(四川省成都市光华村街 55 号)
网　址	http://cbs.swufe.edu.cn
电子邮件	bookcj@swufe.edu.cn
邮政编码	610074
电　话	028-87353785
照　排	四川胜翔数码印务设计有限公司
印　刷	成都市新都华兴印务有限公司
成品尺寸	170 mm×240 mm
印　张	13.25
字　数	306 千字
版　次	2024 年 8 月第 1 版
印　次	2024 年 8 月第 1 次印刷
书　号	ISBN 978-7-5504-6337-0
定　价	78.00 元

前　言

四十余年的改革开放孕育了举世瞩目的中国经济奇迹，但这个奇迹的背后是日益沉重的资源和环境代价，持续增长的能源消费需求、脆弱的环境承载能力和琢磨不定的气候变化威胁，这些问题已经对中国经济的高质量发展目标形成了阻碍。如何在确保经济稳定增长的前提下缓解气候变化、改善环境问题，面临诸多困境。究其根本，能源要素的持续投入不仅是确保经济社会发展的充分条件，更是产生高额碳排放、引发气候变化与环境问题的关键所在。2022 年，能源消费总量达 54.1 亿吨标准煤，其中煤炭、原油、天然气消费量占能源消费总量的 74.1%①。不难发现，传统化石能源污染物依旧是造成环境污染的主要原因。为了缓解能源要素使用对环境造成的负面影响，不少学者将研究目光投向能源技术，力图通过能源技术进步化解这一潜在矛盾。

2020 年 9 月习近平主席在七十五届联合国大会上作出了实现“双碳”目标的郑重承诺，这不仅确立了我国构建新型能源体系的显示路径，也为能源技术进步指明了前进的方向。具体而言，“双碳”是指“碳达峰”和“碳中和”两个目标，分别对应 2030 年和 2060 年两个时间节点，其核心任务是降低二氧化碳排放和增加二氧化碳的吸收。随着“双碳”目标的提出和普及，中国能源低碳化转型压力显著增加，清洁能源发展亟须提速。与此同时，能源转型造成的供给不稳定现象也随即显现。反思既定的能源发展战略并发现问题、做出科学调整以确保“双碳”目标的如期实现已经成为当前亟待关注的重要议题。有学者认为“双碳”目标的实现离不开能源技术进步的推动。能源技术进步之所以会影响“双碳”目标，主要涉及如下两个方面：一是清洁能源技术的创新；二是传统能源技术的革新。清

① 数据来源：中华人民共和国 2022 年国民经济和社会发展统计公报。

洁能源技术的创新和传统能源技术的革新共同决定了中国能源系统的技术体系。然而，根据技术进步偏向理论，针对一个系统或一种要素的技术进步可能是“非中性”的，即技术进步存在偏向。换言之，各种类型的能源技术并非“齐头并进”，而是存在发展趋势的不同。因此，能源技术进步不仅存在大小，而且还存在偏向上的差异。本书所提及的“能源技术进步偏向”主要展现了能源要素在“清洁能源”与“传统能源”两种类型之间的技术发展趋势，同时还刻画了清洁能源内部在太阳能、风能、水能、生物质能等相关领域的技术发展倾向，以及传统能源内部在煤炭、原油、天然气等领域“清洁化”应用的技术发展趋势。

倘若只关注能源技术进步的趋势、能源技术进步的偏向，能源技术有可能出现与环保目标不匹配的发展趋势。这是因为，环保目标对污染物的减排和控制提出了明确的要求，清洁能源技术与传统能源技术都必须在这一过程中发挥积极的推动作用。然而，在清洁能源技术加速发展的同时，传统能源技术并非停滞不前。我们既不能忽视清洁能源技术显著的减排效果，也不能遗忘传统能源技术巨大的减排潜力。因此，准确识别各类能源技术在污染物减排中的作用，即探讨能源技术进步偏向的环境影响，能够实现从技术角度掐断“污染源头”的目的，以此为环境目标保驾护航。本书所提及的“环境影响”主要是指能源技术进步偏向在污染物减排中发挥的作用。

遗憾的是，能源技术进步偏向并不会自动和环保目标相匹配。这是因为清洁能源技术的应用成本相对较高，传统能源技术及其产品的利润优势明显，仅依靠市场本身的作用难以使我国既定的能源技术进步偏向发生转变。因此，若要转变既定的能源技术进步偏向，使之与环保目标相匹配，环境政策的介入势在必行。但是环境政策种类繁多，探讨异质性环境政策影响能源技术进步偏向的政策驱动机制，对清洁能源技术和传统能源技术的协同发展至关重要。这里的“政策驱动”主要是指异质性环境政策在转变能源技术进步偏向时产生的影响。

总的来说，本书围绕“能源技术进步偏向”这一研究对象，一是为经济高质量增长与环保目标的双赢找到现实路径。在构建新型能源体系和经济高质量发展的双重引领下，能源技术的发展与进步不仅可以缓解使用传统能源带来的高污染现象，而且能够通过促进清洁能源发展，推动能源结构调整，从而保证经济发展对能源要素的刚性需求，以此实现经济发展方式的绿色化。二是为能源供给和消费结构的合理化转型指明前进方向。当前，减少碳排放是尽早达成“双碳”目标最为直接的方式，同时减少碳排放与能源技术息息相关。然而，发展能源技术必须有所侧重，通过调整现有的政策扶持体系，以此激励能源技术合理化、最优化前进，“双碳”目标才能更好地如期实现。三是为能源环境政策的多样化实施提供理论与实证依据。环境政策种类繁多且理念复杂，本书不仅致力于考察“命令控制型”环境政策对能源技术进步偏向的影响机理，而且还分析了“市场激励型”环境政策引导能源技术进步偏向的作用机制，这是极具意义的探索性工作。

屈放

2024 年 1 月

目 录

第一章 绪论

第一节 研究背景及意义

一、研究背景

能源领域的技术进步是促进能源转型、构建新型能源体系的先决条件，更是实现经济高质量发展的关键动能之一。然而，由清洁能源和传统化石能源组成的能源技术进步并非完全有益于环境，如何从能源技术的层面平衡经济与环境的关系，始终受到学界关注。党的二十大报告指出在实现“碳达峰”“碳中和”目标的过程中必须“立足我国能源资源禀赋，坚持先立后破”，而我国的能源资源禀赋始终呈现传统化石能源比重较高、清洁能源占比较低的事实。此时，若只关注能源技术进步的规模、忽视能源技术进步的偏向，且因市场本身的作用，能源技术进步有可能遭遇技术锁定效应从而迫使其表现出只利于传统化石能源技术的发展趋势。虽然能源技术进步的传统偏向也能够提高能源效率，但是在“能源回弹效应”的作用下，传统化石能源的消费规模可能会随之扩大。进一步来说，传统化石能源消费规模的扩大会产生接连不断的污染排放问题，最终导致中国的能源技术进步无法实现高质量发展和环境保护的“双赢”。因此，在准确测度能源技术进步偏向的基础上，深入探讨能源技术进步偏向影响污染排放和环境的机制，从而找到优化能源技术进步偏向的政策路径，不仅是推动能源结构合理转型的重要抓手，而且是加快建设新型能源体系的“金钥匙”（孙才志 等，2018；何小钢和王自力，2015）。

为了通过能源技术实现经济与环境的“双赢”，不少学者试图分析如何通过能源技术进步来提高能源效率，以此减少能源要素使用对环境造成的破坏（林伯强 等，2010；林伯强和刘泓讯，2015；Dong et al.，2019；张希良 等，2022）。一个基本事实是污染物排放越多，环境质量相对越差，换言之，环境质量的高低与污染物排放的多少息息相关。以 PM2.5 和 PM10 为例，2018 年中国地区 338 个主要城市的 PM2.5 和 PM10 平均浓度为 40 和 71 微克/立方米，而 2022 年的 PM2.5 平均浓度已经降低至 29 微克/立方米。显然，中国的大气污染状况正持续好转，并逐步接近发达国家平均水平（如图 1-1 所示）。然而，目前中国环境质量的改善主要源于政策命令的约束，其中有多少受益于技术进步，尚未可知。尤其是以绿色环保为代表的清洁能源技术，其环境影响亟待评估。

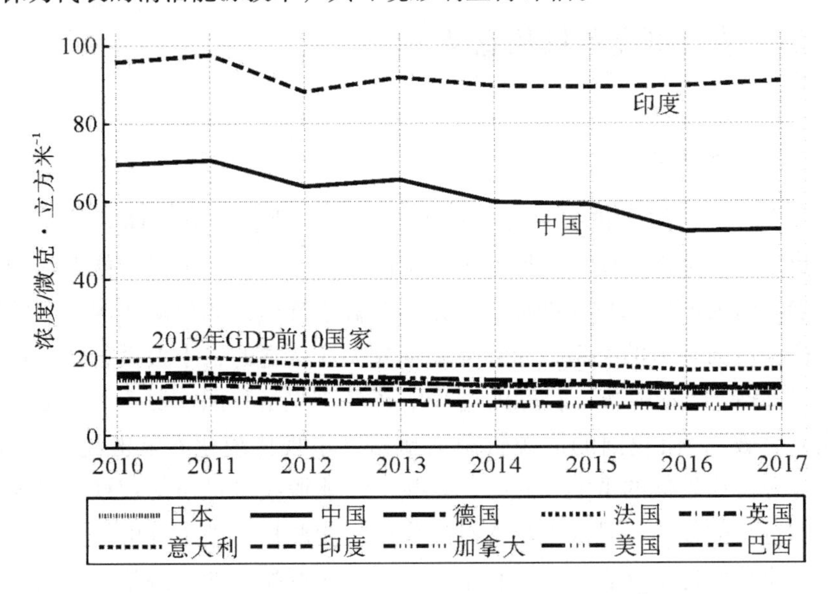

图 1-1 GDP 前 10 名国家 PM2.5 年均浓度①

长期来看，依靠清洁能源技术这样的绿色技术是转变经济增长方式（唐未兵 等，2014；邵帅 等，2022），摆脱“头痛医头、脚痛医脚”低效污染治理模式，从源头上解决我国环境污染问题的重要抓手。基于这一现实，本书认为环境规制政策的关键在于能否转变能源技术进步的发展方向，并以此实现清洁能源对传统能源的全面替代，这与减少污染排放、提高环境质量的目标是一致的。那么，能否通过环境规制在不损害经济增长的前提下改变能源技术进步的发展方向？能源技术进步偏向对环境质量存

① 按 2019 年全球主要国家的 GDP 排名来确定前 10 名的国家。

在怎样的影响？技术进步偏向（Directed Technical Change，DTC）理论给出了一个潜在的研究视角和理论解释。

Acemoglu（2002）系统性地诠释了技术进步存在偏向的原因及其影响因素，这一研究被普遍视为对技术进步偏向理论的重新诠释（戴天仕和徐现祥，2010）。该理论将早期关于诱致性技术进步（Induced Technical Change，ITC）的经济直觉（Hicks，1932）与包含微观经济基础的内生经济增长理论（Romer，1990；Grossman & Helpman，1991；Aghion & Howitt，1992）相结合，认为技术进步是“非中性”的。依据 Romer（1990）及 Aghion 等（1992）的分析，技术进步源于企业有目的的 R&D 活动，而这些活动会在特定时段内为研发该技术的厂商提供垄断优势（专利保护），从而使该厂商的生产经营产生超额利润。因此，企业作为技术供给者，其技术进步的方向由其利润最大化目标所决定，并最终影响企业所在部门整体的技术进步偏向。基于上述观察，Acemoglu（1998，2002）将技术进步“非中性”的概念与内生经济增长理论相结合，以劳动要素为例，认为技术进步不仅提高劳动生产率，而且存在“高技能”和“低技能”两种类型，因此对技术进步发生偏向的原因进行了探索性分析，并且将这一现象称为“偏向型技术进步”，重新整理了技术进步偏向的概念。Acemoglu（2002）认为技术进步可能会存在特定偏向，均衡时这种偏向将由“价格效应”和“市场规模效应”两种此消彼涨的效应共同决定，其中价格效应鼓励企业针对稀缺要素或生产物资进行技术创新，从而使技术进步偏向于该要素或倾向于该部门。而市场规模效应则会使得技术进步有利于更为丰富的要素或规模更大的部门。最终，不同要素或部门产品之间的替代弹性决定了这两种效应的强弱关系，以此改变了技术进步偏向。

本书借鉴 Acemoglu（2002）的研究，将技术进步存在（“高技能”和“低技能”）偏向的理念推广至能源领域，认为能源作为现代经济发展至关重要的投入要素，由于应用技术的不同，总体上可以分为高污染的“传统能源”以及低污染的“清洁能源”两种类型。前者发展历史相对较长，相关技术也较为完善和领先，其应用成本相对较低；后者属于新兴产业，相应的技术要求较高，其应用成本相对较高。因此，能源技术进步存在清洁与传统两种不同类型的偏向。其中，能源技术进步的传统偏向虽然能够提高能源效率，但是根据“杰文斯悖论”假说，传统能源消费可能会因为能源效率的改进而持续上涨，从而造成更为严重的环境污染问题，这进一步加剧了能源环境约束与经济发展之间的矛盾。而能源技术进步的清洁偏向是否能够减少污染、起到优化环境质量的作用，是亟待验证的问题。清洁能源技术的发展可以使能源技术进步表现出清洁偏向，换言之，能源技术进步的清洁偏向不仅能够持续推进能源结构合理化，还可以优化经济发展方式，实现经济绿色可持续增长，从而破除中国式“杰文斯悖论”引发的能源环境困局，助力生态环境目标的实现（徐斌 等，2019；尹恒 等，2023）。

但从现实来看，中国一次能源结构中传统能源（煤炭、原油和天然气）的比重一直较高，寄希望于传统能源消费总量下降以减轻环境负担，在短期内难以实现，即当前阶段经济发展和传统能源消费存在同步增长的关系（如图 1-2 所示）。这进一步凸显了考虑能源技术进步偏向对减轻环境压力、减少环境污染的重要性。特别是当能源技术朝清洁方向发展时，能源技术进步就有可能在“助力节能减排”和“促进经济增长”两方面同时起效（董直庆 等，2014），能源技术进步的清洁偏向或许是实现绿色可持续高质量增长的关键所在。同时，对世界上大多数国家而言，传统能源的消耗主要体现在能源生产上，例如：中国、美国、澳大利亚、印度、俄罗斯以及巴西等国，70%～95%的电力生产主要依赖传统能源的燃烧，这是造成环境负担和污染排放的重要原因（Noailly & Smeets，2015）。

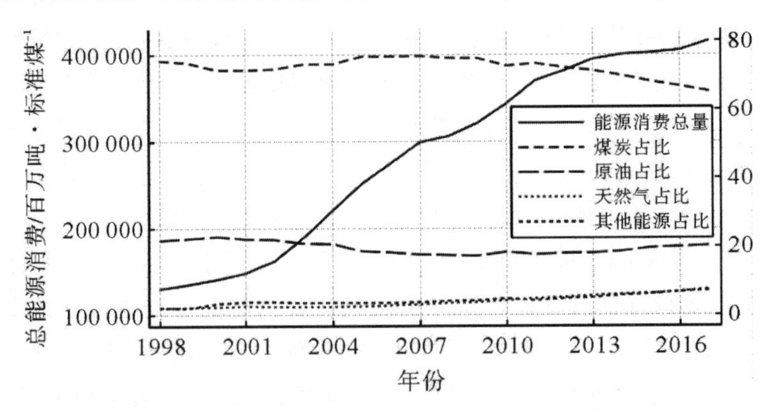

图 1-2　中国的能源消费总量及能源消费结构变化趋势

此外，《能源发展战略行动计划（2014—2020 年）》已经明确指出，中国经济社会发展始终面临“清洁能源技术创新能力不足，实体经济水平有待提高，生态环境保护任重道远”等亟须解决的现实问题。务必坚持“节约、清洁、安全”的能源战略方针，加快构建清洁、高效、安全、可持续的现代化能源体系结构。在供给侧结构性改革的背景下，经济增长模式开始向高质量集约型转变，经济发展的驱动力也开始由要素投入向技术进步转变，这再一次彰显了能源技术进步偏向对破解能源环境约束、推动经济高质量发展的重要作用。

综上所述，之所以聚焦于此主要出于对以下三个问题的思考：其一，能源的使用是造成环境污染的重要原因之一，因此能源技术进步是解决经济发展和环境污染矛盾的关键所在。遗憾的是，如果仅考虑能源技术进步的大小，而不考虑能源技术进步的偏向，能源技术进步就有可能只朝着有利于传统能源的方向发展。虽然传统能源技术的发展依旧能提高能源效率，但是能源效率的提高可能导致传统能源消耗的上升，造成更为严重的环境污染，这便形成了中国式的“杰文斯悖论”。其二，要缓解中国式“杰文斯悖论”造成的能源环境困局，亟须通过适当的环境政策改变能源技术进步偏向，使其有利于清洁能源技术的发展，这与当前主流研究讨论环境政策促进绿色技术如出一辙（熊灵 等，2023；刘金科和肖翊阳，2022；袁礼和周正，2022）。针对异质性环境规制政策的讨论已经引起了政策制定者和研究者的共同关注，这些研究大多认为可以通过“命令控制型”和“市场激励型”环境规制政策引导能源技术进步表现出清洁偏向（Acemoglu et al., 2012；Johnstone et al., 2010），但是中国实证研究却未能得到充分检验，而本书意在弥补这一部分缺失。其三，一般情况下能源技术进步偏向朝清洁方向发展应该可以减少污染排放，并以此优化环境质量。但是环境质量由大气、水体和土壤共同组成，对它们而言其污染物种类并不相同，这些污染物的特性也不尽相同，那么能源技术进步的清洁偏向能否对上述污染物都产生净化作用亟待进一步考察。随着收入水平的提升，人们对环境质量的要求势必越来越高，被动等待环境库兹涅茨曲线（EKC）拐点的到来早已无法应对日渐沉重的环境压力（蔡昉 等，2008），能源技术的发展至关重要。必须指出的是，能源技术进步存在大小与偏向两种内在特质，探讨能源技术进步偏向对环境质量的影响，以及环境规制在其中产生的持续性作用，是中国实现经济高质量增长、缓解能源环境约束亟须面对的现实问题。

二、研究意义

一般来说，能源技术进步不仅存在大小，而且还存在清洁与传统两种不同类型的发展偏向。其中，能源技术进步的传统偏向虽然能够提高能源技术的整体水平，并以此提高能源效率，但是依据“杰文斯悖论”假说，传统能源消费可能会因为能源效率的改进而持续上涨，从而造成更为严重的环境污染问题，这加剧了能源环境约束与经济发展之间的矛盾，同时也是中国能源技术进步未能缓解污染问题的重要解释之一。因此，直观来看，提升中国的清洁能源技术水平，使能源技术进步表现出清洁偏向，助力能源结构早日实现清洁化转型，是实现经济绿色增长、保障能源安全、解决污染问题的重要抓手。基于此，本书的研究意义在于：

（1）理论意义。一是将能源与环境要素共同纳入内生经济增长与技术进步偏向的理论分析框架（Acemoglu et al., 2012）。研究认为，在封闭经济条件下一个部门的技术进步由该部门中全体厂商的技术创新活动所决定，而这些厂商究竟选择何种类型的能源技术进行创新，由研发该类型技术带来的垄断利润所驱动，从而对能源技术进步发生偏向的微观机制进行了内生化处理。二是在理论推导过程中采用两种类型能源技术的相对强度表示能源技术进步偏向（戴天仕和徐现祥，2010），以此实现了能源技术进步偏向表达方式的“具体化”。三是本书立足于中国实际，分析了不同环境规制政策（命令控制型、市场激励型）对能源技术进步偏向的影响，从而对环境规制政策引导能源技术朝清洁方向发展的作用机制及其有效性进行了一定程度的考察。

（2）现实意义。近年来，中国研发投入总量激增，2018 年就已经超过了欧盟平均水平，仅次于美国居世界第二位。遗憾的是，虽然巨量的研发投入带来了能源技术水平的飞速发展，但是中国的能源环境问题不仅未能从根本上得到解决，而且表面上还加重了经济高质量发展与能源环境约束之间的矛盾。本书以为这是仅仅关注能源技术的大小，而忽视能源技术偏向的后果。因此，本书的现实意义如下：一是为中国在实现经济高质量增长的同时控制并解决污染问题提供了现实路径。“绿水青山就是金山银山”强调了经济与环境协同发展的共赢理念，而能源技术进步的清洁偏向，不仅可以有效缓解传统能源使用造成的环境污染的问题，而且还能够保证经济增长对能源要素及产品的需求，以此实现经济发展的绿色转型。二是为中国能源生产及消费革命指明了前进方向。长期来看，发展清洁能源技术是必然的选择，对中国而言更是迫在眉睫，然而现实是中国传统能源的应用比重较高，清洁能源产业的发展相对滞后（徐斌 等，2019），部分领域的清洁能源技术虽有突破，但总体进步缓慢且分布不均。只有不断优化现有的环境规制政策体系，激励清洁能源技术快速进步，中国的生态环境目标才能如期实现。三是为中国环境规制政策的多样化施行提供了理论和现实依据。环境规制种类繁多，且概念复杂，本书不仅考察了“命令控制型”环境规制政策对能源技术进步偏向的转变作用，而且还分析了“市场激励型”环境规制政策引导能源技术进步偏向朝清洁方向转变的有效性，这是颇具现实意义的实证检验工作。

第二节 重要概念界定

一般而言，需要对文章所提及的重要概念进行界定，对本书而言包括“能源技术进步偏向”以及“清洁能源技术与传统能源技术”。

一、能源技术进步偏向

要界定本书所提及的“能源技术进步偏向”就必须从“技术进步偏向”的一般化概念谈起。与早期的技术进步存在偏向的假说相比，Acemoglu（2002）的研究给出了技术进步偏向更为准确的概念与诠释。因此，本书对能源技术进步偏向概念的界定主要借鉴 Acemoglu（2002）的探索分析。首先，假设有两种投入要素的生产函数：

$$Y = F(L, Z, A) \tag{1-1}$$

其中，L 与 Z 表示两种投入要素，A 表示技术进步。Acemoglu（2002）认为技术进步存在“要素增强型（Augmenting）”和“要素偏向型（Biased）”两种形式。“要素 L 增强型（L-Augmenting）技术进步”的含义如下：

$$\frac{\partial F}{\partial A} = \left(\frac{L}{A}\right)\left(\frac{\partial F}{\partial L}\right) \tag{1-2}$$

等式（1-2）近似于 $F(AL, Z)$ 形式的生产函数，显示出技术进步的实质是提高要素 L 的生产率，与哈罗德中性技术进步条件下的生产函数形式基本一致。而“要素 L 偏向型（L-Biased）技术进步”的定义如下：

$$f = \frac{\partial \dfrac{\partial F/\partial L}{\partial F/\partial Z}}{\partial A} > 0 \tag{1-3}$$

式（1-3）显示出技术进步可以使要素 L 的边际产出相比要素 Z 的边际产出有更多的提升。Acemoglu（2002）认为，当 $f > 0$，技术进步应该是偏向要素 L 的；当 $f < 0$，技术进步就是偏向要素 Z 的；当 $f = 0$，技术进步是中性的没有偏向性。式（1-3）即是技术进步偏向的核心定义，是一种定性判断技术进步偏向的重要方法。

同时，Acemoglu（2002）以常替代弹性（CES）生产函数为例，详细阐述了“要素增强型技术进步”与“要素偏向型技术进步”的区别与联系，进一步为定量判断技术偏向找到了依据。考虑如下形式的 CES 生产函数：

$$Y = [\gamma (A_L L)^{\frac{\sigma-1}{\sigma}} + (1 - \gamma)(A_Z Z)^{\frac{\sigma-1}{\sigma}}]^{\frac{\sigma}{\sigma-1}} \tag{1-4}$$

可以看出，等式（1-4）中有两种类型的投入要素（L 与 Z），根据等式（1-2）的定义，A_L 表示要素 L 增强型技术进步，A_Z 表示要素 Z 增强型技术进步。结合等式（1-3），计算两个要素之间的边际产出之比可以得出如下表达式：

$$\frac{MP_Z}{MP_L} = \frac{1 - \gamma}{\gamma}\left(\frac{A_Z}{A_L}\right)^{\frac{\sigma-1}{\sigma}}\left(\frac{Z}{L}\right)^{-\frac{1}{\sigma}} \tag{1-5}$$

其中，A_Z/A_L 被视为技术进步存在偏向的一种表达方式。不难发现，技术 A_L 和 A_Z 对要素相对边际产出的影响取决于要素之间的替代弹性 σ。当 $\sigma > 1$ 时，这两个要素之间呈总体替代（Gross Substitution）关系，而 $\sigma < 1$ 则呈总体互补（Gross Complementary）关系，当且仅当 $\sigma = 1$ 时呈柯布道格拉斯（Cobb-Douglas）关系。据此，Acemoglu（2002）给出如下定义：首先，要素间呈替代关系时，要素 Z 增强型技术进步即是要素 Z 偏向型技术进步；其次，要素间呈互补关系时，要素 Z 增强型技术进步即是要素 L 偏向型技术进步；最后，要素间呈柯布道格拉斯关系时，A_L 和 A_Z 只会同比例地改变边际产出，不会偏向于任何要素，即不存在技术进步偏向问题。

上述关于技术进步偏向的概念界定对这一问题的研究起到了决定性的作用，不但将“增强型技术进步”和“偏向型技术进步”的概念紧密联系在了一起，而且揭示了如何通过“增强型技术进步”来表达“偏向型技术进步”，即如何定量判断技术进步偏向。总的来说，Acemoglu（2002）的研究明确了技术进步既可以是中性的，即同比例改变生产要素的边际产出，也可以是非中性的，即不同比例地改变要素的边际产出。究竟作用如何则由两个投入要素之间的替代弹性和与之相关的其他影响因素共同决定。随后，Acemoglu 等（2012）不但继承了其技术进步偏向的核心思想，并且进一步结合环境问题展开讨论。

因此，本书主要借鉴 Acemoglu（2002）关于技术进步偏向的定义以及 Acemoglu 等（2012）对技术进步偏向和环境问题的分析，对“能源技术进步偏向”这一概念性进行界定。在能源要素的使用中往往存在两种不同类型的技术，即“清洁能源技术（A_c）”和“传统能源技术（A_d）”。同时，传统能源技术会增强传统能源部门的产出，清洁能源技术则会增强清洁能源部门的产出，并且这两个部门的产品显然是可以相互替代的。因此，本书所提及的“能源技术进步偏向”被界定为能源技术在“清洁能源技术”和“传统能源技术”之间的发展倾向。

最后，全体厂商会根据研发这两种技术所带来的期望利润高低，选择在清洁能源技术或传统能源技术上进行创新活动。此时，若清洁能源技术带来的期望利润高于传统能源技术，则厂商的创新活动就会偏向于清洁能源技术，从而使能源技术进步表现出清洁偏向，反之则能源技术进步就会表现出传统偏向。

二、清洁能源技术与传统能源技术

要清晰地划分清洁能源技术与传统能源技术，需要首先对“能源”一词进行适当的解释说明。一般而言，能源可以理解为“能量资源”的简称，亦是自然界中能为人类生产生活提供特定形式能量的实体资源。在经济学的分析中，能源（E）往往被视为和劳动（L）、资本（K）同等重要的投入要素。很明显，人类社会方方面面的发展离不开优质能源要素的发掘，也不能忽视先进能源技术的创新和进步。当今世界，能源产业的发展不单指多元化能源要素的运用趋势，更是强调清洁能源技术、高效能源技术的引领作用。能源和环境是全世界、全人类共同关心的话题，亦是中国经济可持续高质量发展亟须关注的重要议题。

当今世界能源种类繁多，而且有越来越多的新型能源被开发出来，以满足人们日益高涨的能源消费需求。但不论能源的种类多么繁杂，一般都采用如下五种方式对能源类型进行划分：①依据能源的来源分类；②依据能源的形态和性质分类；③依据能源的生产方式分类；④依据能源使用的类型分类；⑤依据能源是否造成污染分类。其中，依据能源的来源进行分类多见于与自然科学相关的研究，这是因为这种分类方法更贴近能源本身的自然状态，便于研究者针对性探讨。而对经济学的研究来说，生产带来供给、需求产生消费。因此，本书对清洁能源和传统能源的界定如下：一次能源生产及消费中的“原煤、原油及天然气”等化石能源本书将其界定为“传统能源”。本书将一次能源生产及消费中的“电力、水电及核电”界定为“清洁能源”，也包括“风能、太阳能、地热能、核电、生物质燃料”等。此外，依据《中国能源统计年鉴》主要统计指标解释中对“能源生产总量”的描述，“能源生产总量”是指在一定时期内全国一次能源生产量的总和，一次能源生产量包括煤炭、原油、天然气、水电、核能及其他动力能（如风能、地热能等）的发电量。因此，借鉴 Noailly 等（2015）、林伯强和李江龙（2015）的研究以及《中国能源统计年鉴》对主要统计指标的解释，本书认为无论是清洁能源技术还是传统能源技术，主要是指使用这些能源要素进行生产和应用的技术[①]。

第三节　研究思路、框架与内容

一、研究思路

本书认为中国经济的高速发展对能源要素存在刚性需求，这是形成“高能耗”的主要原因。同时，近年来能源技术的快速发展虽然显著地提高了能源效率，但是未能给予能源技术进步存在偏向这一潜在事实以足够的重视，导致清洁能源技术发展相对滞后，在“杰文斯悖论”假说的作用下，那些污染较重的传统能源及相关技术被大量运用在日常生产和生活中，这是形成“高污染”的重要原因之一。因此，为了更好地解决中国经济发展中所面临的能源环境约束，本书从能源技术进步存在偏向这一视角出发，首先分析了能源技术进步偏向的环境效应，以此对能源技术进步改善环境质量的先决条件进行了探讨；其次，考察了环境规制政策对能源技

① 清洁与传统能源技术的具体分类请查看本书第四章相关内容。

术进步偏向造成的持续性影响，即检验环境规制影响能源技术进步偏向的政策效应。如图 1-3 所示。

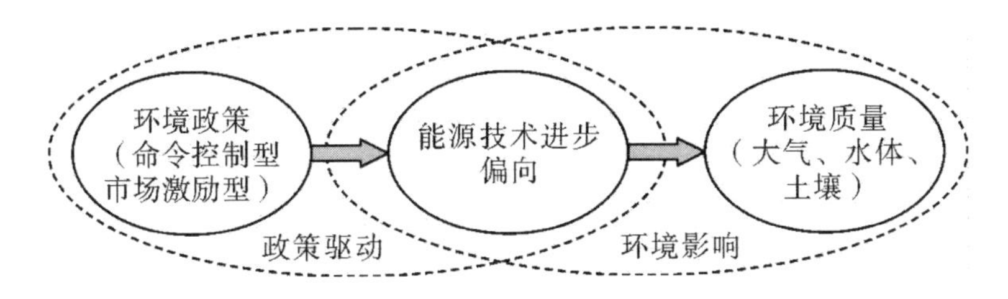

图 1-3 主要研究对象

围绕能源技术进步偏向这个关键研究对象，本书拟采用：前沿文献梳理、理论模型推导、数值模拟分析、计量实证检验四个步骤开展研究。

具体来说，首先对相关文献展开系统且尽可能全面地梳理，以此为后续理论分析和实证检验找到现实依据并奠定文献基础。其次，在文献分析的基础上，结合本书的关键问题，对技术进步偏向的理论分析框架进行一定程度的拓展，构建分析能源技术进步偏向环境及政策效应的理论模型。再次，采用数值模拟的方法对理论分析的结果进行动态仿真检验。然后，结合实际经济数据，采用多种计量经济学方法，尽可能充分地对本书所涉及的环境效应及政策效应进行实证检验。最后，基于理论分析、数值模拟及计量实证检验的结果，针对性地给出与之相关的政策建议，并为下一步研究找到潜在的方向。

二、研究框架

本书的研究框架见图 1-4。

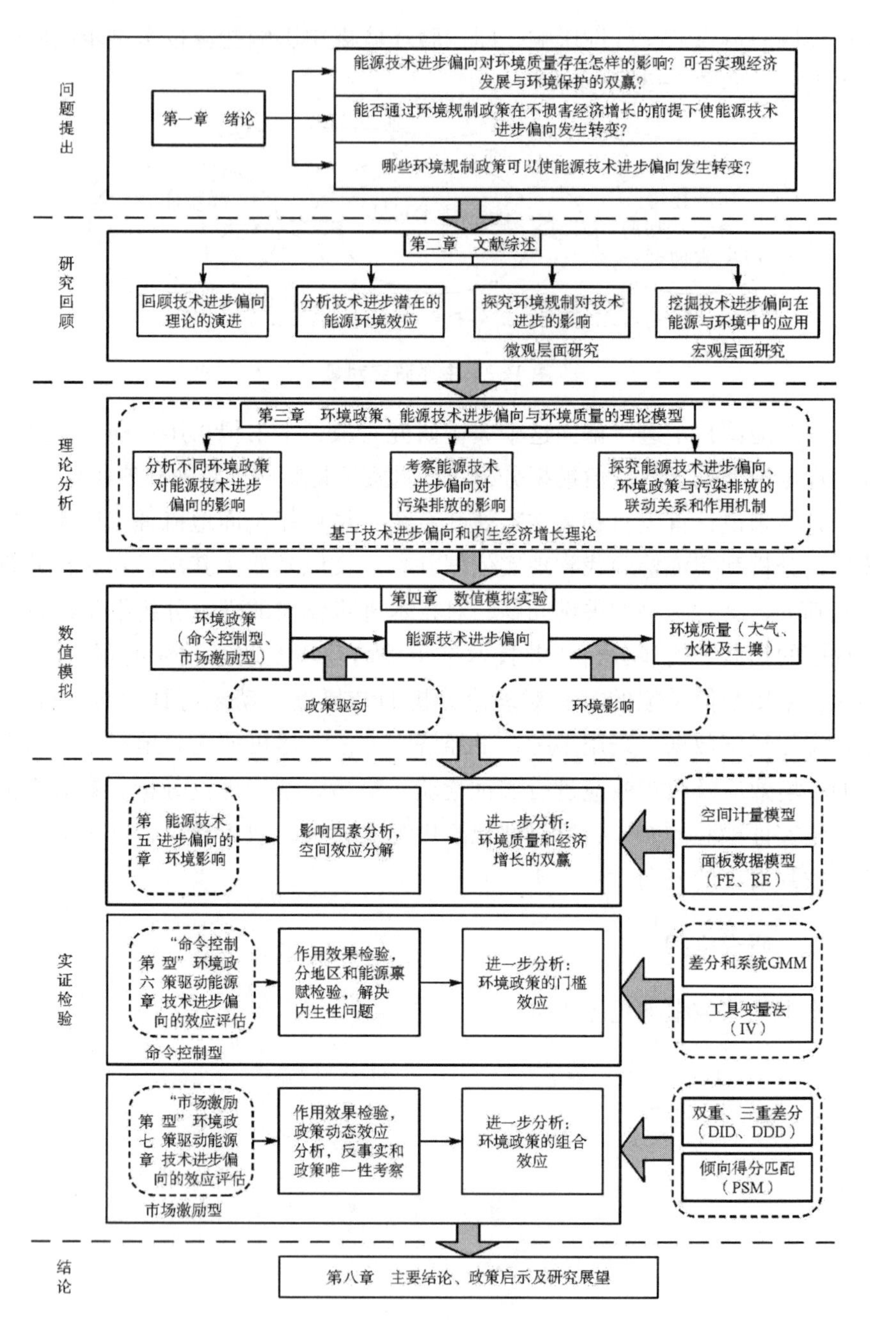
问题提出
第一章 绪论
能源技术进步偏向对环境质量存在怎样的影响？可否实现经济发展与环境保护的双赢？
能否通过环境规制政策在不损害经济增长的前提下使能源技术进步偏向发生转变？
哪些环境规制政策可以使能源技术进步偏向发生转变？
研究回顾
第二章 文献综述
回顾技术进步偏向理论的演进
分析技术进步潜在的能源环境效应
探究环境规制对技术进步的影响
挖掘技术进步偏向在能源与环境中的应用
微观层面研究
宏观层面研究
理论分析
第三章 环境政策、能源技术进步偏向与环境质量的理论模型
分析不同环境政策对能源技术进步偏向的影响
考察能源技术进步偏向对污染排放的影响
探究能源技术进步偏向、环境政策与污染排放的联动关系和作用机制
基于技术进步偏向和内生经济增长理论
数值模拟
第四章 数值模拟实验
环境政策（命令控制型、市场激励型）
能源技术进步偏向
环境质量（大气、水体及土壤）
政策驱动
环境影响
实证检验
第五章 能源技术进步偏向的环境影响
影响因素分析，空间效应分解
进一步分析：环境质量和经济增长的双赢
空间计量模型
面板数据模型（FE、RE）
第六章 "命令控制型"环境政策驱动能源技术进步偏向的效应评估
作用效果检验，分地区和能源禀赋检验，解决内生性问题
进一步分析：环境政策的门槛效应
差分和系统GMM
工具变量法（IV）
命令控制型
第七章 "市场激励型"环境政策驱动能源技术进步偏向的效应评估
作用效果检验，政策动态效应分析，反事实和政策唯一性考察
进一步分析：环境政策的组合效应
双重、三重差分（DID、DDD）
倾向得分匹配（PSM）
市场激励型
结论
第八章 主要结论、政策启示及研究展望

图 1-4 研究框架

三、研究内容

参照上述研究思路，本书的研究内容具体可以分为如下八章：

第一章是绪论。重点介绍本书的研究背景、研究意义、重要概念界定，以及研究的思路、框架、方法及可能的创新点等内容。

第二章是文献综述部分。本章主要梳理了与本书相关的文献：其一，环境政策对技术进步的影响；其二，技术进步对环境质量的作用；其三，简述技术进步偏向理论的发展、分类及其测算；其四，对现阶段技术进步偏向理论在能源环境问题中的应用进行一定程度的整理；其五，对现有文献的评述。

第三章是理论分析部分。在技术进步偏向研究框架的基础上将能源和环境要素引入其中，重点探讨了能源技术进步偏向发生变动时环境质量受到的影响，即分析能源技术进步偏向的环境影响，以及不同类型的环境政策（命令控制型、市场激励型）对能源技术进步偏向产生的持续性作用，即探讨不同环境政策影响能源技术进步偏向的政策驱动效应。

第四章是数值模拟部分。该章对第三章理论模型的推导结果进行动态检验，尝试分析“不同环境政策”以及“不同政策强度”条件下能源技术偏向和环境质量之间的内在联动关系，即通过建立“情景（Scenario）”的方式模拟分析能源技术进步偏向的环境影响，以及环境政策影响能源技术进步偏向的政策驱动效应。

第五章主要采用计量经济学方法检验了能源技术进步偏向的环境效应。首先，在STIRPAT模型和环境库兹涅兹曲线假说（EKC）的基础上构建了空间面板计量模型，具体来说是空间杜宾模型（SDM），并且将技术进步变量分解为“能源技术偏向”和“能源效率改进”，使用三种和能源密切相关的污染物来反映环境质量的好坏，以此考察能源技术进步偏向能否起到减少污染、改善环境的作用。在此基础上，进一步分析了能源技术进步偏向在改善环境的同时能否促进经济增长。

第六章检验了“命令控制型”环境政策影响能源技术进步偏向的政策效应。本章主要采用广义矩估计（GMM）和工具变量法（IV），从实证角度出发，探究“命令控制型”环境政策对能源技术进步偏向存在怎样的转变作用，探讨这种规制方式能否使其朝清洁方向发展，并且采用“空气流通系数”作为工具变量对实证结果进行稳健性检验。以此为基础，进一步考察了“命令控制型”环境政策在转变能源技术进步偏向的同时可能存在的门槛作用。

第七章检验了“市场激励型”环境政策影响能源技术进步偏向的政策驱动效应。本章采用倾向得分匹配（PSM）和双重差分（DID）相结合的方式，以2007年排污权交易政策扩大为准自然实验，着重分析了排污权交易这种“市场激励型”环境政策对能源技术进步偏向存在怎样的政策效应。此外，采用三重差分（DDD）法，进一步考察了“排污权交易政策”和“碳排放交易政策”，以及这两种“市场激励型”环境政策在转变能源技术进步偏向时可能存在的政策组合作用。

第八章为结论、政策建议和研究展望。本章归纳并总结了上述章节的理论分析和实证结果，以此为基础给出了与之相关的政策含义，并且在最后提供了相关研究潜在的改进方向。

需要说明的是，之所以在第五章中首先考察能源技术进步偏向对环境质量的影响，是因为只有在能源技术进步偏向能够改善环境质量的条件下，通过环境规制政策转变能源技术进步偏向才更具现实意义。

第四节 研究方法

一、理论分析和数值模拟相结合

理论分析和数值模拟相结合的分析模式是本书的重要特点之一。首先，在第三章的理论分析中，本书通过将能源和环境要素引入技术进步偏向的研究框架，并且采用不同类型生产函数进行双层嵌套的形式刻画不同部门的能源技术进步及其偏向，在此基础上，探讨了不同类型环境规制政策作用于能源技术进步偏向时环境质量受到的持续性影响。其次，在第四章数值模拟部分，本书结合实际经济数据和相关研究对理论模型中关键的外生变量进行了取值及校准，以此为基础，采用情景设置的方式对理论模型的主要命题进行了动态仿真检验，并且以图表的形式直观展现了数值模拟的结果。

二、定性分析和定量分析相结合

本书对能源技术进步偏向的环境影响，以及环境政策对能源技术进步偏向可能产生的驱动作用，在内生经济增长和技术进步偏向的理论框架下进行了定性分析。同时，在第五章、第六章和第七章的研究中结合中国能源技术的专利数据，使其与省级和地级市相关经济数据进行匹配构成面板数据结构，以此对能源技术进步偏向的变化趋势、环境政策的强度和环境质量的发展走向等关键研究对象进行了定量描述。在此基础上，采用多种计量经济学分析方法，基于上述经济和环境数据对本书所探讨的关键问题进行了较为充分的定量分析。

三、多种计量经济学分析方法

（1）空间计量经济学方法。本书在第五章检验能源技术进步偏向的环境影响时，实证模型选取了基于 STIRPAT 模型和环境库兹涅茨曲线假说（EKC）扩展后得到的空间杜宾模型（SDM），并且使用 Moran's I 和 Geary's C 指数，以及拉格朗日乘数检验（LMLAG 和 LMERR）及其稳健形式检验（Robust LMLAG 和 Robust LMERR）分析了空间计量模型设定的合理性，以此为基础进行空间计量分析。

（2）差分 GMM 和系统 GMM 方法。本书在第六章检验“命令控制型”环境规制影响能源技术进步偏向的政策效应时，主要采用了差分 GMM 和系统 GMM 方法。在固定效应模型的基础上，该方法的应用可以有效缓解“遗漏变量”和“逆向因果”造成的内生性问题。

（3）倾向得分匹配和双重差分（PSM-DID）方法。本书在第七章检验“市场激励型”环境规制影响能源技术进步偏向的政策效应时，采用了 PSM-DID 方法。排污权交易政策的试点地区不是随机选择的结果，所以并不完全符合处理组随机选取样本的要求。为了解决这一问题，我们采用 PSM 方法重新寻找控制组，从而使研究满足使用 DID 方法所必要的随机选择和“平行趋势假设”条件。基于此，我们进一步进行了动态效应、政策组合效应和政策唯一性检验。

（4）其他计量经济学方法。除了上述计量分析方法之外，本书在各章的稳健性检验和进一步分析中还用到了工具变量法（IV）、Hansen 的面板门槛效应模型、三重差分法（DDD）、固定效应（FE）和随机效应（RE）模型等计量经济学方法，这些方法的应用更好地验证了本书实证结论的有效性和稳健性。

第五节　可能的创新

结合国内外相关研究，本书可能存在的创新有以下三个方面：

（1）理论层面。本书通过建立理论模型进行数理演绎的方式，研究了异质性环境政策（命令控制型、市场激励型）对能源技术进步偏向的作用，以及能源技术进步偏向对环境质量的影响，以此扩展了技术进步偏向理论在能源环境问题中的研究框架。具体来说，一是认为在封闭经济条件下，一个部门的技术进步由该部门中全体厂商的技术创新活动所决定，而相关厂商究竟选择何种能源技术进行创新，由研发该项技术带来的垄断利润所驱动，采用这种方式对能源技术进步发生偏向的过程进行了内生化处理，同时该做法还为能源技术进步为何产生偏向提供了微观经济基础；二是采用清洁和传统能源两个部门的相对技术强度来表征能源技术进步偏向，使能源技术进步偏向的表达形式“具体化”，从而能够比较分析其对环境质量造成的持续影响。这一点与 Acemoglu 等（2012）基于两部门相对期望利润来表达技术进步偏向的研究思路不完全相同。

（2）研究方法层面。本书采用理论分析、数值模拟和计量经济学实证检验三维一体的论证方式，丰富了实证研究。尤其是数值模拟方法在检验理论分析结果时的运用。近年来，数值模拟方法在经济学领域的应用已经日趋成熟，不少研究已将其作为重要的仿真检验和实证分析手段加以实现。利用数值模拟方法对理论分析的结果进行检验，是本书的突出特点之一，也是该方法在经济学领域最为重要的应用方式之一。与传统的计量经济学实证检验方法不同，采用数值模拟方法辅助进行实证分析的好处在于：其一，能够以图表的形式更为直观地展现理论模型中数理推导的结果，方便理解，更容易对理论分析的结果进行抽象概括；其二，能够对理论模型中难以控制的某些变量（如时间等）进行约束，实现以这种变量进行推演的动态化仿真，以便更好地展现均衡过程；其三，在仿真过程中能够对理论模型中可能影响分析结果的外生参数取值进行实时调整，以此充分验证理论分析的有效性；其四，能够通过建立情景（Scenario）的模拟方式实现对现实问题的假定和映射。

（3）在探讨能源技术进步偏向的环境影响时，本书基于环境库兹涅兹曲线假说（EKC），将 STIRPAT 模型扩展到空间面板形式，利用空间计量方法进行研究，从而弥补了现有文献较少考虑污染物空间泄漏效应的欠缺。此外，本书还利用 STIRPAT 模型进行水平扩展的特性，考察了通过能源技术进步改善环境质量的先决条件，首次将 STIRPAT 模型中的“技术进步”分解为：“能源效率改进”和“能源技术偏向”，这一点有别于单独使用能源强度或能源效率表示技术进步的相关研究。最后，采用三种不同类型的污染物反映环境质量，以此针对性地分析大气、水体和土壤环境受能源技术偏向的影响。本书对推动我国能源结构调整、助力能源技术转型升级具有较好的指导意义，以期早日实现“两山理论”中所预期的经济与环境协同发展目标。

第二章　文献综述

探讨环境政策引发的技术进步能否解决环境问题，始终是经济学领域理论与实证研究关注的焦点。最直接的原因：一是中国亟须平衡经济可持续高质量发展和能源环境约束背后潜在的矛盾。技术进步，尤其是以绿色为指引的技术进步，能够有效驱动全要素生产率，从而为经济发展带来清洁且可持续的动力。二是国际气候变化和国内环保压力持续激增，迫使中国政府不能再单一运用命令控制工具，而是必须采取多种多样的环境政策，尤其是市场化的环境政策。三是与一般的环境与创新政策相比，复合性的环境政策能否激活绿色技术创新，其有效性亟待检验。技术进步不仅包含绿色，而且还包含非绿色技术。因此，亟须考虑技术进步偏向对环境质量的持续作用。

为此，本书将按照如下顺序对已有研究文献进行讨论：其一，整理并挖掘技术进步为何能够产生积极的能源环境效应，并对这种环境友好型技术进步的定义及度量进行诠释。其二，梳理有关环境政策与技术创新之间关系的研究文献，即企业微观层面的研究，试图为宏观层面的理论找到强有力的微观机制作为支撑。其三，分析技术进步偏向理论的发展与演进，力求为技术进步偏向理论在能源环境方面的应用建立新的渠道。其四，探讨当前技术进步偏向理论在能源环境领域的应用研究，关注宏观层面的问题分析，尝试找到本书的关键突破口。

第一节　环境政策与技术进步

一般情况下，如果经济体是封闭的，那么宏观层面一个部门的技术进步主要由该部门微观层面全体厂商的技术创新活动共同决定（Romer 1990；Acemoglu，2002），这是内生经济增长所蕴含的重要思想之一。因此，需要回顾环境政策（具体的环境规制工具）对微观层面厂商技术创新的作用，以此为宏观层面的研究找到切实有效的微观基础①。

早期，探讨环境政策对技术进步产生何种作用的研究的确是从厂商微观层面展开的，这些研究主要分析了在环境政策或具体的环境规制工具施行条件下对厂商技术进步造成怎样的影响，探讨能否使厂商通过技术进步在降低污染的同时维持或提高生产率，从而得出了多样化的研究结论。相关研究大致可以分为三类：一是环境政策可以激励厂商的技术进步，二是环境政策可能抑制厂商的技术进步，三是环境政策与厂商的技术进步存在动态关系。本书将按照上述三个方面展开梳理。

一、环境政策对技术进步的积极影响

显然，环境政策对技术的发展有重要影响，有关技术进步、技术创新与具体环境规制工具的研究以“波特假说”最具代表性②。波特假说认为：适当的环境政策或环境规制工具可能会激励厂商的技术创新活动，从而使厂商的生产效率提高，有利于厂商发展，即环境政策对厂商的技术进步会产生激励作用，最终能够实现环境保护和产出增长的双赢局面。针对这一观点，有不少学者基于中国数据进行了实证检验（赵红，2007；李强和聂锐，2009），发现从长期来看环境规制的确可以有效促进技术进步，从实证层面部分支持了波特假说。Jaffe 等（1997）的研究虽然证实了环境规制对技术进步的影响存在行业差异，但是总的来说环境规制会通过技术进步间接影响企业生产，即环境规制会提升企业创新活力，并对企业的生产经营有正向的中介效应。Hamamoto（2006）以日本制造业为研究对象，分析了环境监管强度和行业技术进步的关系，发现环境监管力度的提高和研发投入呈正相关关系，而研发投入的提高又会使得技术创新能力提升，从而对技术进步及全要素生产率的增长产生积极的影响。张成等（2011）采用1998—2007 年中国 30 个省份工业部门的面板数据进行研究，发现在政府环境规制措施实施得当的条件下，可以同时实现企业治污技术的提升和生

① 在这一小节的讨论中，本书将企业微观层面的技术创新活动也称为技术进步，以此实现用词统一。

② 波特假说是指：适当的环境政策将刺激企业技术革新，从而降低成本，提高产品质量。虽然短期来看这样做可能会增加企业成本，但从长期来看这有助于企业提高产业生产率，从而取得竞争优势。

产技术的改进，这一结果为中国实现污染治理和经济增长的双赢局面提供了实证和理论借鉴。

二、环境政策对技术进步的消极影响

此外，也有研究表明环境政策是导致企业成本增加的主要因素，对企业的技术进步或技术创新将产生消极作用。Rhoades（1985）认为，环境政策的实施势必会要求企业更新甚至抛弃传统污染严重的生产技术和工艺流程，企业不得不在“既能减少污染又能提高产出”的技术上投入大量资源进行创新，这导致了企业的生产成本的急剧增加。生产成本的增加又在一定程度上抑制了企业的创新活力，从而导致环境规制对技术进步的激励作用失效，波特假说缺乏有力的微观证据支持。Jaffe 等（1995）的研究也发现环境政策会增加企业的污染处置成本，从而短期内会挤出企业的研发投入阻碍企业的创新活动，所以环境规制可能会对企业技术进步产生抑制作用，当然这种抑制作用并非长期有效。Schmutzler 等（1997）从分析具体的环境规制工具入手，认为无论是针对正产出（产品）征收环境税，还是对负产出（污染排放）征收环境税，都会加重企业的生产成本，降低企业的创新动力，这是因为企业可能会优先考虑将这部分额外增加的成本转嫁给消费者，而不会直接通过改善相关技术来提高生产率，环境税这种环境政策的实施效果并不确定。Gray 等（2003）通过对造纸业的研究发现，高污染型企业执行节能减排政策的成本较高，而其技术基础通常又较低，导致这类企业在短时间内不可能通过创新提高生产率，环境规制会对这类企业的生产能力造成严重影响，甚至迫使其停产倒闭，这是针对不同行业异质性的探讨。同样，涂红星和肖序（2014）认为，在表面上企业都会接受环境规制，因为拒绝接受管理的企业往往会遭受更大的惩罚，付出更高的成本，但实际上企业对环境规制或污染治理政策大多都带有较强的抵触情绪，所以通过环境规制引导企业技术进步的内在机制本身并不牢固，中国的经济发展和节能减排暂时无法实现“波特假说”中描述的双赢局面。

三、环境政策与技术进步之间的动态关系

近期的研究则认为环境政策与技术进步的因果关联不是一成不变的，二者间呈现出某种动态关系，而这种动态关系是由“遵循成本”和“创新

补偿”两种此消彼长的效应共同作用而决定的[①]。不少研究认为这种动态关系表现为倒U型或U型趋势（Lanoie et al.，2008；蒋伏心 等，2013；涂红星和肖序，2014；张成 等，2011；沈能和刘凤朝，2012），即随着环境政策或环境规制的强度由弱变强，环境政策对技术进步的作用将由“促进”逐渐转为“抑制”或者由“抑制”逐渐转为“促进”，环境政策对技术进步的影响是一个动态过程。

实际上Porter等（1995）的研究中就已经蕴含了环境政策和技术进步在时间维度上可能存在非线性关系，但受限于计量方法和数据问题并未得到有力的实证支持。而Lanoie等（2008）对波特假说的有效性进行了实证检验，发现环境政策对当期技术进步的影响是负面的，而对滞后期技术进步则有激励作用，基本证实了这种非线性关系的存在。随后，沈能和刘凤朝（2012）的研究表明，环境规制对技术进步的影响还存在“门槛效应”，即只有当特定区域经济发展水平超过一定的阈值，环境规制才能有效促进该地区的技术进步，因此环境规制需要与当地的经济发展水平相契合。王班班（2017）认为，从长期来看环境规制的技术进步效应对经济可持续高质量发展的作用毋庸置疑，而产生时变作用的原因主要是由衡量技术进步的指标存在差异所造成的，究竟用何种指标来度量技术进步（生产率、R&D投入、专利）需要视具体问题而定。李虹和熊振兴（2017）的研究认为，可以通过调整企业环境税和企业所得税的相对大小，来促进绿色技术发展，这表明环境规制需要根据区域特征、地理距离以及文化差异等影响因素进行调整。

综上所述，虽然针对环境规制和技术进步的研究引起了众多学者的分析与讨论，但是这些研究主要致力于分析环境规制在企业层面的微观效应（彭海珍和任荣明，2003），难以将其拓展到宏观层面进行应用。因此，将环境规制与宏观经济理论相结合，分析其与经济增长、技术进步的宏观效应是当前研究的主流方向（Fischer & Heutel，2013）。这类研究主要针对技术进步、环境规制政策和经济增长的关系展开讨论。大多数研究认为环境规制在三者的关系中起到“中介效应”的作用，即从宏观角度能否实现在不损害经济增长的条件下，通过环境规制控制并解决污染问题，与环境规

---

① 波特（1991）提出“创新补偿”概念，即合理的环境政策能够激励企业进行技术创新（产品创新补偿和生产过程创新补偿）；负面影响则是企业面临环境规制时的“遵循成本”，这很有可能会抑制企业的技术创新投入。

制能否促进技术进步有很强的关系。尤其是能否通过环境规制促进清洁技术进步，这就必须谈到技术进步理偏向论在其中所发挥的作用。因此，结合技术进步偏向理论，研究能否通过环境规制促进清洁能源技术创新是值得关注的问题，也是当前的研究热点。

第二节 技术进步的环境影响

显然，并不是所有的技术进步都会带来积极的环境影响，于是这里便形成了一系列的讨论热点：究竟是什么原因使技术进步对环境产生了危害？哪些技术进步对环境有益？能否通过环境政策引导技术进步有利于环境友好型技术？这些环境友好型技术进步又应该如何度量？这都是需要深入探讨的问题。

在技术进步和环境问题研究的初期，大多数学者都认为带有污染特征和低效率特质的能源要素及其相关技术的广泛应用是危害环境的主要原因，这是由于微观经济理论认为厂商的主要目标仅仅是追求利润最大化，而较少考虑环境问题，所以绿色技术相对发展缓慢，其创新动力严重不足。同时，不少有关技术进步偏向的研究认为，除了厂商的利润最大化目标以外，化石能源价格的上涨，环境规制的加强，都能够促使技术进步，从而有利于绿色技术进步。

Popp（2002）在这方面的研究是具有开创性的，他使用 1970—1994 年的美国的专利数据，探讨了能源价格对节能技术创新的影响，研究表明能源价格和现有节能技术的存量对节能技术创新产生了积极的推动作用，能源技术的发展可能存在偏向。Dowlatabadi 和 Oravetz（2006）认为，1974 年以前，能源价格持续下降，使能源效率降低了 1.6%，后来能源价格持续走高，能源效率又提高了 1%左右，这些现象都可以由能源技术存在偏向性来解释，能源价格是引发这一偏向的重要因素。随后，Hassler 等（2012）通过建立包含资本、劳动和能源的三要素双层嵌套 CES 生产函数，探讨能源节约型技术进步的影响因素，发现 1970 年石油价格冲击是导致能源强度下降的重要原因，即能源价格可以促使技术进步，从而有利于节约能源的发明。近期，Zha 等（2018）以及钱娟（2019）也使用类似的多层嵌套 CES 生产函数，讨论了能源技术进步的偏向性，认为中国工业的技术进步逐渐偏向能源要素而远离劳动要素，并且发现环境政策的确改变了能源技术的偏向。

与此同时，也有部分研究认为在探讨能源效率、清洁技术发展时，技术进步偏向理论很难发挥作用。Goulder 和 Mathai（2000）的研究发现，在通过气候政策诱致低碳技术或清洁技术进步时，这种技术进步如果是由“R&D 投资”的积累形成的，那么减排效果会被推迟无法立即实现，而如果这种技术进步来自“干中学”效应时，则无法找到节能减排与技术进步因果关系的变化规律，清洁技术的偏向性并非来自市场本身。Sue Wing（2006）认为在采用内生经济增长理论分析技术进步时，微观主体一旦受到政策刺激，会立即进行清洁或节能技术的研发。如果采用技术进步外生的经济理论进行分析，则微观主体更倾向于推迟研发行动，以观察其他厂商行动后的效果再做决定。因此，技术进步产生偏向的原因和采用何种分析框架有关。值得关注的是，Acemoglu 等（2012）开创性地将技术进步偏向理论运用到环境经济学分析中，认为清洁部门不产生污染，而污染部门才是造成环境灾难的根本原因。两个部门的生产都受到相关技术进步的“加持”，而两个部门中存在一定数量的技术研发者（科学家），并且还存在“清洁”和“污染”两种类型的技术可供研发者进行选择。环境政策可以通过提高清洁部门的期望利润，吸引技术研发者进入清洁部门进行创新活动，从而提高清洁部门的技术进步率，以此转变技术进步偏向，并最终避免环境灾难。因此，其研究发现临时性的环境政策可以通过改变技术进步偏向来影响环境质量。

一、环境友好型技术的分类

既然不是所有的技术进步都对环境有益，那么我们首先就需要界定，哪些技术进步是环境友好型的。在众多学者的研究中，对“清洁技术”的理解都略有不同。

具体而言，21 世纪初，Popp（2002）的研究将这类技术称为“节能技术”，认为这些技术主要涉及能源技术和污染处理技术。随后，又有学者将绿色技术理解为“环境友好型技术”（Brunnermeier & Cohen，2003），并且认为但凡对环境有益的技术及创新都可以归属于环境友好型技术，这一概念得到了广泛的支持。而近年来，针对绿色技术的解释与理解越来越细化，例如：可替代及可再生能源技术（Johnstone et al.，2010）、缓解气候变化技术（Dechezlepretre et al., 2011）、生态创新和终端减排技术（Horbach et al., 2012）、清洁及绿色能源技术（Noailly & Smeets, 2015）等。当然，也有研究深入一个具体行业，分析某一行业中的绿色技术与污染技术的相对发展情况，比如 Aghion et al.（2016）针对汽车行业的研究。

基于上述研究，经济合作与发展组织（Organization for Economic Co-operation and Development, OECD）以及世界知识产权组织（World Intellectual Property Organization, WIPO）对上述技术的范围进行了集中划分，统称这类绿色技术为"环境友好型技术"（Environmentally Sound Technologies, EST），并分别给出了这类技术的详细分类和相关界定。表 2-1 给出了 OECD 和 WIPO 对"环境友好型技术"的具体分类及说明[①]。

表 2-1 环境友好型技术分类

来源	技术分类
OECD	环境管理（大气、水体及土壤污染管理，垃圾及环境监测） 水资源的管理及相关技术 生态系统健康与生物多样性保护 与减缓气候变化相关的能源生产和输送 与减缓气候变化相关的交通运输 与减缓气候变化相关的建筑基建 温室气体的捕获、封存、沉降或处置
WIPO	可替代能源 交通运输 节能减排 废物管理 农业及林业管理 行政规划或制度设计 核技术发电

分类数据来源：http://www.oecd.org/env/indicators-modelling-outlooks/green-patents.htm 及 https://www.wipo.int/classifications/ipc/en/green_inventory/.

根据 OECD 和 WIPO 对环境友好型技术的官方定义，除此之外的技术进步及专利申请都属于非环保技术，可能会对环境造成潜在的污染。显然，将技术进步划分为"清洁"和"污染"两种类型过于直接，这是因为针对传统能耗效率的技术改进从未停滞不前。例如：汽车领域的涡轮增压技术、能源行业的高能效技术等。这些技术的发展大大提高了化石燃料的

① OECD 分类参考 http://www.oecd.org/env/indicators-modelling-outlooks/green-patents.htm, WIPO 分类参考 https://www.wipo.int/classifications/ipc/en/green_inventory/。

使用效率，能够起到放缓污染增量的作用，从而被视为介于“清洁”和“污染”技术之间的“灰色”技术（Aghion et al.，2016）。因此，“灰色”技术进步主要是指提高效率的技术改进，针对“灰色”技术进步的讨论或许将成为未来环境经济与技术进步研究的热点之一。

二、环境友好型技术的度量

无论是宏观层面的环境友好型技术进步或是微观层面企业的绿色技术创新都是难以被直接观测的，因此需要找到有说服力的代理变量来描述这种技术进步。从经济学的角度而言，一般采用如下三种指标来衡量技术进步和创新：①研发投入；②技术专利；③生产率。这三种指标在衡量技术进步时，针对不同的研究领域各有优缺点，下面本书逐一简述。

（一）研发投入

用研发投入（R&D）来衡量技术进步和技术创新的强弱在经济管理领域是比较常见的做法，同时也是评估技术进步的环境效应最直接的指标。然而，采用研发投入来进行实证分析，最大的问题来源于研发投入往往难以和技术产出相匹配。众所周知，企业的生产及研发活动往往是多元化的，企业的研发投入既可能产出“环境友好型技术”，也可能产出“污染技术”。因此，研发投入究竟有多少作用于“环境友好型技术”，在大多数情况下是难以区分的。

当然，在研发投入和技术产出相匹配的情况下，研发投入的大小及其变化依然是衡量绿色技术创新的有力工具。遗憾的是，现阶段研究大多认为研发投入仅能够有效衡量环境政策对创新活动的整体作用（Zhang et al.，2017；蒋伏心 等，2013），用研发投入来衡量某种具体的技术创新活动（如：绿色技术创新）往往是缺乏说服力的，存在较大偏误。

（二）技术专利

专利通常被认为是企业研发投入和创新的直接产出，使用专利来衡量技术进步和技术创新具备如下一些优势并被广泛应用于国内外相关研究当中（Johnstone et al.，2010；Noailly & Smeets，2015；Popp，2002；齐绍洲 等，2018；董直庆和王辉，2019）。一般认为，采用专利度量技术进步有如下优点：其一，专利数据具有分类特征，可以根据专利内容细分至不同的技术领域，通过对专利分类及内容的查找，能够准确定位哪些专利技术属于“环境友好型技术”，从而为绿色技术进步或清洁能源技术的实证研究提供更为精准的数据支撑。其二，专利包含准确的日期和受用方信息，通过查证这些信息中的申请人、申请日期和申请公司地址等数据，能够对技术进步发生的空间特征、时间特征以及个体特征进行深度刻画，并与相关层级的数据进行匹配。其三，专利既然被视为创新的产出，因此可以配合研发投入共同使用，以此探讨企业微观层面的技术创新特征，也可以分析部门宏观层面的技术进步。上述情况都是使用专利度量技术进步的有利条件（Johnstone et al., 2010）。但需要注意的是使用专利来衡量技术进步和技术创新往往也存在如下问题：

首先，专利的跨国、跨行业比较存在一定的难度。这是因为每个国家、每个行业的专利制度和完善程度不同，因此不同国家、不同行业之间，对专利的约束和解释能力也是不同的，这就是专利保护宽度问题（patent breadth）。例如，美国申请专利的成本、时间以及程序复杂度都可能高于中国，这会导致专利持有者首先考虑在中国完成专利申请，而后再申请美国的专利权。如果不关注这一点，就会误以为当期中国专利申请量高于美国，从而得出当期中国创新程度可能超过美国的谬误。在实证过程中，可以通过控制国家、行业变量来减少这一问题的影响（Ley et al., 2016; Popp, 2002）。

其次，一个专利是否有效需要视情况而定。在中国，专利分为发明、实用新型和外观设计三类，专利状态又主要分为申请、授权两类，同时这两类专利还有被引用次数这一指标。一般情况下，专利被引用得越多其价值应该越大，这是一个显而易见的结论（Popp, 2002）。然而，我们所能查证的国际专利分类（International Patent Classification, IPC）主要基于专利的申请而非授权和引用编制。同时，专利申请与研发活动发生的时间最为接近，这是因为一项技术一旦研发成功，如果存在“变现”价值，那么当事人势必立即寻求垄断保护，也就是申请专利保护（Johnstone et al., 2010），因此专利的申请能够准确反映当期的研发产出，所以实证研究中较多采用专利的申请量来度量技术产出（Aghion et al., 2016）。

最后，根据个人效用最大化及企业利润最大化原理，专利持有者一般只会在能够使专利“变现”和发挥价值的国家和地区申请专利，并以此寻求垄断保护。因此，如果同一技术在多个国家申请专利，可以通过国际专利合作条约（Patent Cooperation Treaty, PCT）实现，则这些申请的专利将被作为高质量的专利家族（patent families），并以此反映专利的商业价值。

然而，一项专利完全保密几乎是无法做到的（Lanjouw & Mody，1996），这就带来了专利可能会被抢先注册和盗用的情况，而这些被当地研究者抢先注册和盗用的专利往往创新程度不高，技术含量不足，如果不假思索地将其计入技术进步，会导致与该专利相关的技术进步被高估的情况出现（Lanjouw & Mody，1996）。上述事都是使用专利度量技术进步和技术创新时需要注意的部分问题。

（三）生产率

用生产率直接衡量技术进步或者用生产率分解得出技术进步也是经济管理研究中的常见做法。Kumar 和 Managi（2009）使用了 80 个国家近 30 年的数据来区分外生的技术进步效应，以及由能源价格诱发的内生技术进步效应，并且指出生产率也是度量“环境友好型技术”的重要指标。针对这一指标的处理方法大多基于数据包络分析（DEA）展开（涂正革和谌仁俊，2015；景维民和张璐，2014）。在这种多投入、多产出模型的假设条件下，污染物可以被视为一种“副产出”。然而对于“环境友好型技术”而言，始终难以从总产出中完全区分清洁要素的投入和清洁产出。在这种条件下，使用与数据包络相关的方法将清洁技术进步从全要素中分解出来，会形成一定程度的主观误差。

大多研究认为，技术进步只是全要素生产率（Total Factor Productivity，TFP）的一部分，而中国目前的基本事实是技术进步对全要素生产率的驱动作用不足（李小平和李小克，2018），所以借助生产率来分解并测量环境友好型技术或清洁能源技术是比较困难的。

第三节　技术进步偏向的理论演进

结合技术进步偏向理论诠释宏观层面能源技术进步偏向的环境效应，以及环境政策在其中产生的持续性作用是本书的关键所在。技术进步偏向理论能够为分析技术进步的能源环境效应提供一种全新的理论解释，这一点是中性技术进步理论无法做到的。通过技术进步偏向理论的分析，可以找到技术进步对能源环境带来负面效应的原因。例如：技术进步对污染排放的影响与能源要素的使用以及能源技术的发展偏向有关。如果将这一例子套用中性技术进步理论来解释，技术进步并不会改变要素的投入比例，这是因为中性的技术进步会同比例地提高各种投入要素的边际产出。所以，无论是使用清洁能源要素，还是污染要素，只要整体的能源技术发展了，那么产出都会同比提高。因此，究竟应该选择发展清洁能源技术，还是传统能源技术，就只能依靠环境本身的约束来判断。如果套用技术进步偏向理论来解释这一问题，能找到为何发展清洁能源技术和传统能源技术更为深层的作用机制。

技术进步偏向理论认为，技术进步会不同比例地提高各种投入要素的边际产出，这是因为厂商会根据自身利润最大化目标来选择发展何种类型的能源技术，从而产生技术进步偏向问题。对本书而言，如果研究传统能源技术比研究清洁能源技术能带来更大的利润，厂商追逐利益的行为就会导致出现某些对环境带来危害的能源技术。因此，技术进步的能源环境效应能够通过技术进步存在偏向这一观点得以体现。本书需要对技术进步偏向理论的发展与演进展开分析，以此找到技术进步偏向和环境问题的切入点。具体来说，本书将按时间顺序从“早期的技术进步偏向理论”到“近期的技术进步偏向理论”展开对技术进步偏向理论的梳理。

一、早期的技术进步偏向理论

技术进步偏向理论最早脱胎于20世纪初期经济学家对经济增长中劳动份额和资本份额的思考，其理论渊源可以追溯至Hicks（1932）于*The Theory of Wages*一书中的论述。Hicks（1932）在书中首次提出了诱致性技术进步假说（Induced Technical Change，ITC），认为不同于主动进行发明的“自发性”创新，由要素相对价格变化所引起的创新可以称为“诱致性”创新，并且认为由“诱致性”创新带来的技术进步会节约相对昂贵的要素而使用相对便宜的要素。

该假说给出了两个重要提示：其一，创新活动对特定要素可能存在某种针对性，即技术进步可能存在偏向；其二，某些技术进步可能源于两个要素的相对价格变化，即产生技术进步偏向的原因可能是要素价格的变化。这对后续技术进步偏向理论的发展起到了至关重要的引领作用。因此，Hicks（1932）提出的技术进步会节约相对昂贵的要素并使用相对便宜的要素这一观点，被普遍视为技术进步偏向理论的起源。遗憾的是，Hicks（1932）并未对这一假说作出更多的定义，也未详细阐述要素相对价格变化改变技术进步方向的作用机制。因此，直至20世纪60年代至70年代，

Hicks（1932）对技术进步可能存在偏向的论述才重新引起学界对技术进步偏向及其作用机制的研究。

随后，Kennedy（1964）认为 Hicks（1932）的假说把技术进步偏向出现的主要原因归结于要素相对价格的变化，导致技术进步偏向的概念难以和新古典经济学中要素替代的概念相区分，这使得 Hicks（1932）所提出的诱致性创新假说和技术进步存有偏向的思想未能得到充分发展。为了解决这一问题，Kennedy（1964）提出了"创新可能性边界"理论。他认为，创新可能性边界决定了要素份额的占比，所以针对特定要素的技术进步并不一定完全由要素相对价格的变化所诱发，也可能由要素相对比例的变化所引动（Kennedy，1964，1973），即技术进步有节约更为稀缺要素的偏向。随后 Drandakis 和 Phelps（1966）、Samuelson（1965）对 Kennedy（1964）提出的创新可能性边界模型进行了进一步完善，首先是放松了要素价格不变的假设，其次是进行了时间维度的动态拓展。Drandakis 和 Phelps（1966）、Samuelson（1965）的研究更多是从提高要素的边际生产率方面进行分析，而不是从节约要素的角度考虑偏向型技术进步的定义，其研究发现要素价格和要素相对比例都可以改变技术进步的方向。值得注意的是，创新可能性边界概念在当时具备较为完整的理论假设和数理模型。因此，其对技术进步偏向理论发展起到了积极的推动作用。

此外，亦有学者从其他角度对 Hicks（1932）的假说进行了扩展。Ahmad（1966）从企业进行技术"搜寻"的视角对技术进步偏向理论的微观机制进行了一定程度的补充，Ahmad（1966）指出 Hicks（1932）提出的诱致性技术进步假说的最大缺点是无法在总成本减少中区分技术进步和要素替代的贡献。针对这一缺陷，Ahmad（1966）认为企业的目标是搜寻最优的技术方案从而在产出不变的条件下使成本得到最大程度的降低，可以被视作企业生产效率的提高。那么，假设给定劳动资本两个要素的价格比，如果新等产量线比旧等产量线反映了一组更低的劳动资本要素比，则技术进步就能节约劳动，反之则是节约资本。这一说法被视为偏向型技术进步理论早期的微观经济基础，即企业进行技术创新的动机是提高效率，因而何种技术对效率的提升作用更强，企业就会偏向于这种技术。同时，Kamien 和 Schwartz（1968）也在 Hicks（1932）的基础上更进一步，认为技术进步是经济主体（企业）在不同的要素价格比和要素比的技术组合之间的选择，即搜寻一种最优的要素组合方式。因此，技术进步将改变生产投入要素之间的组合方式，对不同的要素具有不同的效应，并将其称之为“有偏技术进步”（Bisaed Technical Change）。而 Binswanger（1974）结合 Kennedy（1964）和 Ahmad（1966）的观点，提出技术进步的偏向和变化率会因为不同技术曲线的相对生产率变化而变化，也会因为要素价格引起的成本变化而变化，同时还可以通过对研发施加约束使技术进步产生偏向。

综上所述，早期有关技术进步偏向的经济直觉和理论假设对后来技术进步偏向理论的完善与发展起到了重要的指导作用。然而，这些经济直觉和理论假设仍然存在两个明显缺陷：一是早期关于技术进步偏向的研究大多只承认了技术进步存在偏向，即技术进步“非中性”，而并未给出技术进步偏向的准确定义。二是早期关于技术进步偏向的研究认为企业出于成本优化的考虑会主动搜寻最优技术进行要素组合，并以此作为技术进步偏向的微观机制，这是缺乏说服力的。因为从宏观角度来看，政府也是经济主体之一，其政策命令会对技术进步的方向造成影响也是不争的事实。因此，从 20 世纪 70 年代中后期开始，除了少数有关技术进步偏向的实证研究之外（Hayami & Ruttan，1970），这一理论并未得到足够的重视和认可。直至 21 世纪前后，学界才重新开始对技术进步偏向理论展开新一轮的研究与探讨。

二、近期的技术进步偏向理论

为了弥补早期技术进步偏向理论的缺陷与不足，近期有关技术进步偏向的研究大多致力于在给出技术进步偏向准确定义的基础上强化其微观经济基础，这方面以 Acemoglu（1998，2002，2003a，2003b，2007）的研究最为典型。

Acemoglu（1998，2002，2003a，2003b，2007）有关技术进步偏向的研究涵盖了技术进步偏向的概念、应用及其作用机制等诸多方面，但总的来说，这些研究主要以劳动力（L）这一新古典经济学的核心投入要素为背景（Acemoglu 和 Zilibotti，2001）。同时，Acemoglu（1998，2002）对技术进步偏向的理论诠释也是从新古典经济学的生产函数出发，这一点延续了 Kennedy（1964）对创新可能性边界的设定。最后，Acemoglu（2002）的研究还结合 Romer（1990）、Grossman 和 Helpman（1991）以及 Aghion 和 Howitt（1992）关于内生经济增长和内生技术进步的设定。总的来说，在前人研究的基础上，Acemoglu（2002）针对技术进步偏向的探讨具备以下特点和革新。

其一，以新古典经济学视角为基点，厘清并重新定义了技术进步偏向的基本概念。Acemoglu（1998，2002）着重强调了替代弹性和技术进步偏向的区别，同时也阐述了替代弹性对技术进步偏向的决定性作用，从而将两种概念彻底划分开来。其研究显示出技术进步既可以是中性的，即同比例改变生产要素的边际产出，也可以是有偏向的，即不同比例地改变要素的边际产出，究竟技术进步的状态如何则由两个投入要素间的替代弹性所决定。这一论述为现阶段有关技术进步偏向的应用研究奠定了理论基础。

其二，对技术进步为何会发生偏向的微观经济机制进行了全新的阐释。Acemoglu（2002）认为各种技术是由“技术垄断厂商（technology monopolists）”生产和提供的“中间品[①]”的类型和质量所决定的。而这些中间品的质量又显示了厂商所研发的技术究竟是偏向哪个类型的要素。据此可以认为，技术进步偏向是由技术垄断厂商提供的中间品质量所决定的，而技术垄断厂商对不同类型中间品的供应比例是由研发两种不同类型中间品的相对利润所决定的，这一点和微观经济学厂商追求利润最大化的基本假设相符合。因此，该假设将技术进步为何会发生偏向的微观机制进行了内生化处理，同时与 Romer（1990）、Grossman 和 Helpman（1991）内生经济增长模型中关于技术进步的假设保持一致。Acemoglu（2002）的研究对早期研究中关于技术进步产生偏向的微观机制进行了重新解释，从而解决了以下两大问题：一是表明技术进步之所以产生偏向是由技术垄断厂商的利润所驱动的，而非要素价格或要素比例变化所诱发的，从而可以避免技术进步偏向与要素替代的概念无法区分的情况。二是对 Nordhaus（1973）关于技术搜寻理论的质疑进行了充分回应。Nordhaus（1973）认为早期技术进步偏向理论的微观机制（技术搜寻）并未对 R&D 活动的主体进行充分描述，忽略了 R&D 活动更多是由企业或个人具体执行的事实。此外，Nordhaus（1973）也未对 R&D 活动的资金和研发后产品价格如何受其影响进行合理解释。而 Acemoglu（2002）的模型则显示 R&D 活动由技术垄断厂商承担，而“科学家（scientist）”是 R&D 活动的具体执行者。

---

① Acemoglu 将其称之为中间品或机器（intermediates or machine），为了避免误解，本书统一称为“中间品”。详细内容可以参考 ACEMOGLU D. Directed technical change [J]. Review of Economic Studies，2002，69（4）：781-809. 第 787 页倒数第二段的叙述。

技术垄断厂商根据开发不同技术中间品的相对盈利能力来生产和供应不同类型的中间品，而最终产品生产者只不过是这些中间品的需求方，其并非R&D活动的主体。

其三，提出技术垄断厂商在开发和提供不同技术类型的中间品时所要面对的两种此消彼长的效应，一是价格效应（price effect），二是市场规模效应（market size effect）。Acemoglu（2002）建立了一个技术进步偏向的基本模型框架对上述两个效应进行了数理演绎。研究发现影响技术垄断厂商期望利润的两个关键变量是这两个部门的产品价格与要素投入量，前者代表了“价格效应”，与期望利润正相关；后者反映了“市场规模效应”，与期望利润负相关。

此外，Acemoglu（2002）认为价格效应使技术垄断厂商更倾向于研发节约更昂贵生产要素的中间品，而市场规模效应是指技术垄断厂商更倾向于研发节约更丰富生产要素的中间品。此外，替代弹性决定了这两种效应的强弱关系，替代弹性低时，稀缺要素的价格高，价格效应的强度超过市场规模效应，替代弹性高时则相反①。Acemoglu（2002）的技术进步偏向理论从新古典CES生产函数出发，重新定义了技术进步偏向的含义，并解释了影响技术进步偏向的两种效应。最重要的是，其理论提出了一个更为合理的微观经济基础，避免了早期技术进步偏向理论在微观机制方面的缺陷。可以说，Acemoglu（1998，2002）关于技术进步偏向的研究引发了经济学理论界对这一议题的新一轮关注。

当然，亦有其他学者在同一时期对技术进步偏向问题进了探讨。Jones（2005）的技术进步偏向假说更多延续了Kennedy（1964）和Samuelson（1965）等人的观点，认为技术进步之所以存在偏向，是由“技术搜寻”引发的。同时，Jones（2005）还认为生产函数的类型和技术进步的具体偏向是由技术创新的分布情况所决定的。Jones（2005）指出，假设只有资本和劳动两种投入要素，标准的生产函数（standard production function）是资本劳动比重到人均产出之间的映射，而这只是一种简化形式（reduced form）。生产函数中不止蕴含了这一种技术，各种技术实际上还反映了它们之间相互替代的可能性。因此，Jones（2005）定义了全局生产函数（Global Production Function）与局部生产函数（Local Production Function）。

① Acemoglu关于技术进步偏向理论更为细致的结论总结可以参考：ACEMOGLU D. Equilibrium bias of technology [J]. Econometrica, 2007, 75 (5): 1371-1409.

局部生产函数是指在固定的技术条件下，资本和劳动所能生产的产出。全局生产函数是指由各种技术组成的生产可能性集，其类型由各种可供选择的新技术的分布所决定，而非一种特定技术的局部生产函数。即全局生产函数由新技术的分布决定，局部生产函数由新技术形成的要素组合决定。

Jones（2005）提出的技术进步偏向的微观经济机制在于新技术分布这一假设，企业出于自身发展考虑会不断调整其局部生产函数，影响新技术的分布，从而导致全局生产函数由于新技术的产生而发生调整。Jones（2005）的模型显示，只有在新技术能够满足帕累托最优时，其决定的生产函数才能保持产出的稳定增长，从而维持经济指数增长。因此，既然需要满足帕累托最优，那么全局生产函数是柯布-道格拉斯形式的。同时，技术进步偏向在长期来看始终是劳动增强型的。

综上所述，Jones（2005）和 Acemoglu（2002）的研究主要存在以下两点不同：首先，Acemoglu（2002）认为技术进步的偏向受到技术垄断厂商利润最大化决策的影响，而 Jones（2005）则认为企业对自身发展的考虑不同，导致其新技术的分布不同，这就形成了技术的偏向，而这种新技术的分布决定了生产函数的“形状”。其次，虽然 Jones（2005）和 Acemoglu（2002）的研究都是从新古典经济学的生产函数出发，但是 Acemoglu（2002）是从常替代弹性（CES）生产函数开始讨论，并对要素间的替代弹性做出了假设。而 Jones（2005）则研究了柯布-道格拉斯（Cobb-Douglas）生产函数形式下技术进步偏向的决定因素。无论如何，技术进步偏向理论的发展使得这一领域的理论分析和实证检验得到了极大的提高。21 世纪以来，技术进步偏向理论在技能溢价、劳动收入份额、能源环境等方面的应用研究都颇有成效，而本书的关键议题是能源技术进步偏向的环境及政策效应，因此随后将着重梳理技术进步偏向与环境相关的研究文献。

第四节　技术进步偏向理论在能源环境中的应用

Acemoglu（1998，2002）开创性地将有关技术进步性质的研究从中性转至有偏，即技术进步存在特定的偏向性。随着这一思想的不断发展与完善，它被越来越多的运用到能源环境问题的研究中来，一般而言，这些研究及文献大致可以分为两支：

第一支文献从经济发展的核心要素出发，探讨技术进步在资本（K）、劳动（L）和能源（E）要素之间的偏向及其带来的环境问题。Otto等（2007）将能源要素的使用与污染排放相关联，建立了一个CGE模型，从投入要素的层面探讨了技术进步的能源偏向性，研究显示要素间的替代关系对技术进步偏向于何种要素有重要影响，其研究还发现能源要素与劳动要素存在相似特征。Karanfil和Yeddir-Tamsamani（2010）利用超越对数成本函数，将能源要素纳入技术进步偏向的考量范畴，发现能源价格是影响能源技术进步偏向的重要因素之一。Hassler等（2012）测量了美国的能源技术进步偏向，研究表明能源技术进步偏向的增长率与资本、劳动技术进步偏向的增长率之间呈负相关关系，当技术进步偏向于劳动时才能有助于抑制环境污染。而何小钢和王自力（2015）使用卡尔曼滤波方法优化了前者的研究，并在此基础上考察了中国33个行业的能源技术进步偏向，发现各行业技术进步更多地倾向于使用能源，从而造成了中国工业高能耗、高污染的事实。王班班和齐绍洲（2015）也将能源视为投入要素，采用数据包络分析方法构造了技术进步偏向指数，以此度量中国36个行业中能源与资本、劳动和中间品两两之间的技术进步偏向，研究显示能源价格的市场化和环境治理对引导能源技术进步偏向节能方面起到了推动作用。Zha等（2017）则采用CES生产函数，测量了中国11个能源密集型行业1990—2012年的能源技术进步偏向，结果显示超过一半行业的技术进步偏向于能源，其余行业则偏向于资本和劳动，这意味着中国近期的环保政策未能促进节能技术发展。随后，Zha等（2018）更进一步构造了多层嵌套的CES生产函数，发现中国工业整体的技术进步不仅偏向于能源要素，而且这种偏向性还在持续增加，并逐渐取代了劳动偏向，这证实了当前中国工业的发展建立在高能耗、高污染的基础上。Cheng等（2019）和Yang等（2018）探讨了中国工业的能源技术进步偏向，并将能源要素分为化石能源和非化石能源，与环境因素一起进行随机前沿分析处理，研究认为优化劳动、资本及非化石能源技术进步能够改善能源消费结构，对经济发展的绿色转型具有重要意义。

第二支文献则基于宏观层面的内生经济增长理论，大多将技术进步分为清洁（clean）与脏（dirty）两类，探讨环境政策如何影响它们之间的偏向，以及这种偏向对环境质量造成的持续性影响。首先，Acemoglu等

（2012）构建了环境约束下技术进步偏向的内生化分析框架，使技术进步可以指向两种可替代技术中的其中一种（清洁技术、污染技术），研究发现技术进步偏向取决于价格、市场规模和生产率三个关键效应，并且政府能够通过临时性的环境政策引导清洁技术的发展，从而改变技术进步偏向。André 和 Smulders（2014）认为能源是至关重要的生产要素，并且能源市场具有前瞻性，据此建立了一个内生化模型，将技术进步的发展速度和发展偏向与能源使用和资源开采相联系，提出需要将能源要素纳入技术进步偏向的分析框架进行考虑，从而能够更好地探讨环境政策影响技术偏向的长短期效应。Mattauch 等（2015）则将“干中学”带来的溢出效应引入该研究框架，认为阻碍低碳经济转型的一个重要原因是化石能源技术存量过高带来的“技术锁定”现象，从而提示了我们亟须关注能源要素内部的技术偏向问题，这是解决环境污染的关键所在。而 Acemoglu 等（2014）、Hemous（2016）以及 Bijgaart（2017）等则进一步将该框架扩展至多国，以此探讨单边环境政策对技术进步偏向的影响。国内学者则应用该框架分析技术进步偏向的变化对城市用地和环境的影响，发现一旦技术进步朝清洁方向发展，就能够实现经济增长和环境保护的共赢（董直庆等，2014）。

在实证研究方面，景维民和张璐（2014）在相关理论框架的基础上，采用中国 33 个行业的数据对技术进步偏向的影响因素进行了实证检验，证实了环境规制有助于中国工业迈入绿色技术进步的轨道，即产生绿色偏向。同时，针对特定领域技术进步偏向的研究也日趋完善，Noailly 和 Smeets（2015）着眼于能源领域，采用专利数据对影响能源技术进步偏向的三个关键效应进行了实证分析，发现旨在提高可再生能源技术水平的政策应该侧重于帮助小微企业，以维持其创新能力，而大型企业同时研发两类能源技术，其受到环境政策的影响相对较小。Aghion 等（2016）则使用汽车行业的专利数据表征其技术进步，发现能源价格和汽车行业清洁技术的发展正相关，而技术进步的“技术锁定”现象在汽车行业中也是存在的，它受到总体溢出和企业自身技术发展历史的影响。Calel 和 Dechezlepretre（2016）也使用专利数据研究了欧盟排放权交易体系（EU ETS）对转变技术进步偏向的作用，认为该交易体系使受管制企业的绿色技术创新提高了 10%，并且没有挤占该企业的其他技术专利产出，排放权交易系统有助于绿色技术发展。齐绍洲等（2018）基于中国专利和上市公司数据开展了类似的研究，认为排污权交易政策诱发了试点地区污染型企业的绿色技术进步。进一步，董直庆和王辉（2019）结合城市级数据和空间计量方法，实证检验了不同地区环境规制对绿色技术进步的影响，认为环境规制对本地绿色技术进步的影响表现出门槛效应，对相邻地区绿色技术进步的影响则表现出倒 U 型关系。

第五节　文献的简要评述

从 Hicks（1932）与 Acemoglu（2002）对技术进步偏向理论的诠释可以发现，技术进步存在偏向这一思想的提出最早是为了研究经济发展中资本与劳动力份额等问题。然而，随着这一思想的不断发展与完善，技术进步偏向逐渐被独立出来形成专门的理论，并且越来越多地被运用到环境经济学及能源经济学相关问题的研究中，特别是由环境规制和能源价格所引起的技术进步偏向问题，引起了不少学者的分析与关注（Acemoglu et al., 2012, 2014, 2018；Aghion et al., 2016；Cui et al., 2018；Grimaud & Rouge, 2008；Johnstone et al., 2010；Witajewski-Baltvilks et al., 2017；陈宇峰 等, 2013；唐未兵 等, 2014；董直庆 等, 2014；景维民和张璐, 2014；何小钢和王自力, 2015；董直庆和王辉, 2019）。这些研究大多探讨了临时性环境政策如何能够在宏观经济的技术进步中产生可持续的永久性影响，以及能源环境政策引导技术进步偏向的有效性。

其中，最具代表性的研究是 Acemoglu 等（2012）的研究。Acemoglu 等（2012）的研究建立了一个两部门经济模型，最终产品由这两个部门的产出共同生产，其中清洁部门（clean sector）生产对环境基本无害的清洁产出，而污染部门（dirty sector）则生产环境危害更大的污染产出，而这两种产出都被用于生产最终产品，因此相互间存在“替代”或“互补”的关系。在其模型中，技术进步可以指向两种可替代技术中的一种，清洁型技术或污染型技术，并且在某些情况下政府可以通过政策干预（清洁技术的 RD 补贴，对污染产出收税）激励清洁部门产品的技术进步，使技术进步偏向于清洁技术。其研究结果表明，价格效应、市场规模效应与生产率效应是三个影响技术进步偏向的主要因素。其中，前两个效应与技术进步偏向理论初始分析框架中的一致，而生产率效应是指某一技术的原有技术水平将影响该技术在未来的研发，即技术进步存在路径依赖特征。一般情况下，清洁部门的初始技术水平较小，那么在清洁部门产品和污染部门产品呈替代关系时，如果不采取相关政策措施，技术进步只会朝向污染部门，从而导致环境灾难的发生。而政府的税收与补贴政策可以促使技术进步由污染部门转而偏向清洁部门，从而避免环境灾难。当两部门产出间的替代关系较弱时，需要对污染部门进行长期的政策干预才能阻止环境灾难，不过这将以放缓经济增长速度为代价。

在 Acemoglu（2002）的理论框架下，Grimaud 和 Rouge（2008）对环境政策所产生的作用进行了分析，认为环境政策必须包含对污染要素的税收以及研发补贴。研究发现，环境政策延缓了污染资源的采掘和使用，随之降低了污染排放水平，并重新分配了技术研究的侧重点，相对减少了污染技术的产生数量，使绿色技术的研究受益。Johnstone 等（2010）在 Acemoglu（2002）技术进步偏向理论分析的基础上，以可再生能源为例考察了环境政策对技术进步偏向的作用。研究结果发现，不同政策工具会诱发不同偏向的技术进步，从而印证了 Acemoglu 等（2012）的部分结论。同时，其研究发现不是所有的政策工具都会造成技术进步偏向的转变，必须制定针对性的政策才能起效。当然，这些研究或多或少都表达了如下事实：在不损害经济增长的情况下控制并解决环境污染问题亟须大力发展清洁型技术（Acemoglu et al.，2014；Aghion et al.，2016；Greaker et al.，2018；Grimaud & Rouge，2008；Johnstone et al.，2010）。这是由于清洁型技术不但可以直接减少由污染技术使用带来的环境问题，而且可以有效缓解“灰色技术”发展而引发的能源回弹效应①。

针对这一理论更进一步的扩展主要涉及以下方面：Acemoglu 等（2014）将封闭经济条件下的技术进步偏向问题扩展至开放经济条件下的形式进行讨论，从而考虑了跨国技术溢出效应对技术进步偏向的影响，认为要在全球视角下解决环境问题，需要全球环境政策协调一致，即在不同国家间同时实施尽可能对等的环境政策。Hemous（2016）同样也在技术进步偏向研究框架下建立了一个两部门（清洁、污染）的跨国模型发现，施行清洁技术补贴、碳税和贸易税相结合的单边政策可以确保双方同时可持续增长。若只执行碳税则仅仅会增加国外污染部门的创新，而无法激励其

① 灰色技术主要指单纯性提高化石能源利用效率的技术（Aghion et al.，2016），这类技术虽然提高了效率，但效率的提高可能会加剧这类化石能源的使用，从而使环境问题变得更严重。

绿色技术进步，并且无法确保双方同时实现经济增长。景维民和张璐（2014）与Hemous（2016）的研究有类似之处，同样考虑了开放经济条件下的绿色技术进步，并且发现中国的绿色技术进步也存在路径依赖特征。但是，其研究的主要区别在于景维民和张璐（2014）通过数据包络分析构建了绿色技术进步的度量指标，而非采用相关专利进行分析。Witajewski-Baltvilks等（2017）结合偏向型技术进步理论探讨了环境和能源效率问题，认为在技术进步偏向于清洁能源的同时提高传统能源效率，可以更为有效地解决经济增长与污染排放同步上升的矛盾，但是这样做会牺牲传统技术的发展速度。Aghion等（2016）使用汽车行业的国际专利数据发现，汽车企业会根据燃料价格重新对技术研发的方向进行定位，即燃料价格上涨与清洁汽车技术的创新存在正相关关系。研究还发现了诱致性技术进步可以有效引导技术偏向的新证据，同时还证实了转变技术进步偏向时遭遇的“技术锁定”现象，即当汽车业厂商以前接触过清洁技术时，它们在清洁技术方面做出的努力（RD投入）要远远大于那些没有接触过清洁技术的厂商。

此外，亦有研究认为环境规制影响技术进步偏向的有效性需要视情况而定。Popp（2002）采用美国1970—1994年的专利数据对技术进步偏向能源节约还是能源消耗进行了研究，发现能源价格对技术创新产生了积极的影响，认为市场因素（如：能源价格）对绿色技术创新存在诱致性，而政策因素（如：环境规制）在其中产生的作用则相对较弱。Noailly和Smeets（2015）也使用欧洲5 400多家企业的化石能源和可再生能源专利数据对能源价格、市场规模和技术存量对创新的影响进行了研究，发现对同时研究这两种技术的企业而言，化石燃料价格等因素的变化对清洁技术的研发造成了更大的影响。Smulders和Nooij（2003）使用技术进步偏向理论模型的扩展版本，考虑各个生产部门内可能出现的知识溢出效应。研究发现，短期环境政策带来的成本上升仍然超过其创新补偿效应带来的产出提高，但长期来看绿色技术创新有利于经济发展。Gillingham等（2008）也指出只有在清洁技术的知识溢出超过污染技术的情况下，通过环境政策使技术进步偏向于清洁技术才有意义，否则将无法保持经济增长的持续和稳定。Sue Wing（2006）发现随着知识的积累，研发投入会越来越多，这可能是由于创新的回报在逐渐减少。在这种情况下，施行碳税会导致总体研发下降并抑制经济增长，而将技术进步转向绿色技术可以提高创新带来的回报，并且有效减少碳税带来的成本增加。Zhu 等（2019）的研究采用专利和准实验方法发现，市场型环境政策确实能够促进低碳创新，且对其他技术没有挤出效应。

总体而言，大多数研究文献都认为命令控制型的政策干预一般可以让技术进步的偏向性发生改变，使其朝有利于绿色技术的方向发展。为了实现这一目标，需要施行针对性的环境政策，从而实现经济发展与节能减排的“双赢”局面。然而需要注意的是，Popp（2002）和 Aghion 等（2016）的研究给出了一个重要提示：某些市场信号（燃料价格、碳排放价格）可以作为碳税、补贴等命令控制型环境规制政策的替代品，即在施行政策约束的同时，市场激励手段也可以改变能源技术进步的偏向，使其有利于清洁能源技术发展。这类研究已经引起了学界的高度关注（Choi，2017；Zhu et al.，2019；齐绍洲 等，2018 ；Zhu et al.，2019）。但是，市场手段的有效性需要视具体情况而定，并非所有行业都可以采取市场型政策改变技术进步的方向。因此，亟须对中国相关“市场激励型”环境政策引导清洁能源技术创新的有效性进行检验。

第三章　环境政策、能源技术进步偏向与环境质量的理论模型

本章以内生经济增长理论、技术进步偏向理论以及党的二十大报告关于“加快规划建设新型能源体系”重要论述为理论基础，以污染排放水平反映环境影响，将清洁能源与传统能源纳入技术进步偏向的理论分析框架。通过逻辑分析和数理演绎，构建窥探“环境政策”“能源技术进步偏向”“污染排放”三者间联动机制的一体化研究模型。

本章主要基于 Acemoglu 等（2012）的研究，以及 Otto 等（2007）有关能源技术进步偏向的思想，将能源与环境要素引入内生经济增长与技术进步偏向的理论分析框架，建立了一个包含清洁能源和传统能源产出的两部门模型，通过 CES 生产函数和 C-D 生产函数的双层嵌套，实现各部门技术水平以不同的速度发展，从而能够刻画出宏观经济层面的能源技术进步偏向。在此基础上，一是分析环境政策能否引导能源技术进步偏向发生转变，即考察环境政策驱动能源技术进步偏向的有效性；二是考察能源技术进步偏向对污染排放（环境质量）的持续影响，即探讨能源技术进步偏向的环境影响；三是进一步探讨环境政策、能源技术进步偏向及污染排放（环境质量）的内生联动关系，即检验通过环境政策转变能源技术进步偏向，以此影响环境质量的核心作用机制是否成立。

与 Acemoglu 等（2012）研究所采用模型主要的区别在于：首先，将能源和环境要素引入柯布-道格拉斯生产函数（C-D），使其与常替代弹性生产函数（CES）进行嵌套，构建能够探讨能源技术及环境问题的理论模型，并且将生产函数分为清洁能源和传统能源两个部门，从而使该模型能够刻画与之相对应的能源技术进步及其偏向，同时认为传统能源部门的产出会造成污染并影响环境质量；其次，结合内生经济增长理论，补充并完善了能源技术进步产生偏向的微观经济机制，认为在封闭经济条件下一个

部门的技术进步由该部门中全体厂商的技术创新活动所决定，而厂商究竟选择何种能源技术进行创新，由研发该技术带来的垄断利润所决定，从而对能源技术进步发生偏向的过程进行了内生化处理；最后，在理论分析中，使用两种类型能源技术的相对强度来表示能源技术进步偏向，这使得能源技术进步偏向的表达方式“具体化”。

第一节　基本假设

首先，假设最终产品 Y 由 c 和 d 两个部门的产出（ Y_c 和 Y_d ）再次作为投入进行生产，从而实现两种类型生产函数的嵌套，c 表示清洁能源部门，d 表示传统能源部门，最终产品 Y 的 CES 生产函数可以表示为

$$Y_t = (Y_{ct}^{\frac{\varepsilon-1}{\varepsilon}} + Y_{dt}^{\frac{\varepsilon-1}{\varepsilon}})^{\frac{\varepsilon}{\varepsilon-1}} \tag{3-1}$$

其中，Y_c 是清洁能源部门的产出，它使用能源要素与蕴含“清洁能源技术”的清洁能源中间品进行生产；Y_d 是传统能源部门的产出，同样也使用能源要素与蕴含“传统能源技术”的传统能源中间品进行生产；ε 是两部门产出之间的替代弹性，反映了 Y_c 和 Y_d 之间的替代关系[①]。

其次，Y_c 和 Y_d 各自的 C-D 生产函数为

$$Y_{jt} = E_{jt}^{1-\alpha}\int_0^1 A_{jit}^{1-\alpha}x_{jit}^{\alpha}di \tag{3-2}$$

等式（3-2）中，$j \in \{c, d\}$ ，E_{jt} 表示 j 部门的能源要素，满足 $E_{ct} + E_{dt} = 1$（标准化 E），x_{jit} 表示 j 部门中第 i 类中间品厂商生产的中间品数量，α 可以视为中间品使用的密集程度，A 可以看作与之对应中间品的“技术”或“质量”。定义 A 的形式如下：

$$A_{jt} = \int_0^1 A_{jit}di \tag{3-3}$$

等式（3-3）表明 j 部门的技术水平由该部门全部中间品的平均质量所代表。基于此，对中间品质量的改进过程和由此产生的技术进步进行界定。这是因为在封闭经济条件下，一个部门的技术进步由该部门中全体中间品生产厂商的研发活动共同决定，而这些厂商的研发活动又通过中间品

---

① CES 生产函数中 Y_c 和 Y_d 被视为最终产品 Y 的生产投入要素。

的质量改进得以体现（Acemoglu，2002）[①]。因此，假设进行这两种中间品研发的厂商数量分别为 m_{ct} 和 m_{dt} ，即在 t 时期可能有 m_{ct} 家厂商从事清洁能源中间品的研发，有 m_{dt} 家厂商从事传统能源中间品的研发。标准化厂商数量，市场出清时要求 $m_{ct}+m_{dt}=1$。此外，考虑研发有可能成功也有可能失败，将研发成功的概率记为 η_{ct} 和 η_{dt} 。综上所述，结合等式（3-3）得到 j 部门技术进步的变化方程：

$$A_{jt}=(1+\gamma\eta_{jt}m_{jt})\,A_{j(t-1)} \tag{3-4}$$

等式（3-4）表明，各部门的技术进步与该部门技术的研发成功率 η_{jt} 、参与研发的厂商数量 m_{jt} 、技术改进的效果（ $\gamma-1>0$）以及前一期的技术存量 A_{jt-1} 息息相关。

最后，本书将能源技术进步偏向与环境质量相融合，认为传统能源部门生产造成的污染排放远远高于清洁能源部门。因此，传统能源部门产出 Y_d 的增加将会带来更为严重的污染问题，并直接影响环境质量。参考 Chichilnisky 等（1995）和董直庆等（2014）的研究，认为当期的环境质量 Q 和当期的污染程度（污染存量）W 负相关，即当期的污染程度越高，环境质量越差。满足：$Q_t=W_t^{\rho}$ ，$\rho<0$，表示污染对环境质量的损害程度，ρ 越小意味着轻微的污染就会对环境造成巨大的损害。同时，假设污染存量满足如下积累方程：

$$W_t=(1-\delta)\,W_{t-1}+S_t \tag{3-5}$$

等式（3-5）中，δ 表示环境的自我恢复能力，S 表示污染排放水平（污染增量）。显然，污染存量的多少取决于环境的恢复能力和污染增量的变化。进一步假设污染增量的具体形式为

$$S_t=A_{ct}^{-\zeta}Y_{dt} \tag{3-6}$$

其中，$A_{ct}^{-\zeta}$ 表示清洁能源技术对污染产出的净化能力，借鉴 Acemoglu（2002）以及戴天仕和徐现祥（2010）的研究，用两种技术进步之间的相对强度之比衡量能源技术进步偏向，即 $\zeta=A_{ct}/A_{dt}$ ，$\zeta>0$。当清洁能源和传统能源产品呈替代关系时，如果 ζ 上涨则能源技术进步就表现出清洁偏向；反之，能源技术进步就会表现出传统偏向。依据等式（3-6），当 ζ 上涨，污染排放 S 就相对越低，以此体现能源技术进步的清洁偏向可以减少传统能源生产造成的环境污染。因此，当期的污染程度受到三个因素的影响：

① 这一思想还源于熊彼特的内生经济增长理论。

一是前期的污染程度（污染存量），二是传统能源生产造成的污染排放（污染增量），三是能源技术进步偏向和清洁能源技术水平。

第二节　能源技术进步偏向与环境政策

各部门中间品生产厂商究竟会选择研发何种类型的能源技术（A_{ct} 或 A_{dt}）由其自身的利润最大化目标所决定，而非环境质量。因此，清洁能源部门和传统能源部门在其利润最大化目标的驱使下，各自的最优化生产行为表示为

$$\max_{E_{jt},\ x_{jit}}\left\{P_{jt}E_{jt}^{1-\alpha}\int_0^1 A_{jit}^{1-\alpha}x_{jit}^{\alpha}di - e_{jt}E_{jt} - \int_0^1 v_{jit}x_{jit}di\right\} \tag{3-7}$$

其中，$j \in \{c, d\}$，j 部门的能源要素的价格为 e_{jt}，中间品的价格为 v_{jit}，各部门产品的价格为 P_{jt}。其余变量的含义与前文一致。

然而，中国所面临的现实是一次能源结构中传统能源比重始终较高，那么在“路径依赖”特征或“技术锁定效应”的影响下（Acemoglu et al.，2012；Aghion et al.，2016），仅依靠自由市场本身的作用，能源技术进步很有可能只朝着有利于传统能源技术的方向发展。上述事实意味着即便传统能源和清洁能源技术都在发展，但传统能源技术可能发展得更快，在这种情况下能源技术进步大多时候会表现出传统偏向。虽然这种特征的能源技术偏向能够提高能源效率，但是依据“杰文斯悖论”假说传统能源的消耗会随着能源效率的提高而上升，由于传统能源消耗的提高，环境压力势必持续增加。显然，在保持能源技术持续发展的同时，通过适当的环境政策使能源技术进步朝清洁方向转变，是破除中国经济发展和能源环境约束矛盾的关键所在。

环境政策可以被看作一种具体的环境规制工具，其大致可分为两类：一是“命令控制型”的环境政策，二是“市场激励型”的环境政策。例如：环境税和排污费等就属于典型的“命令控制型”环境政策，而排污权交易和碳排放交易则属于“市场激励型”环境政策。

首先，将“命令控制型”环境政策 τ_t 引入模型框架。一个既定事实是“命令控制型”环境政策主要采用管控的方式约束并限制污染排放（王班班和齐绍洲，2016），并以此引导传统能源技术转型，因此其对传统能源部

门造成的影响远远超过清洁能源部门。一旦传统能源部门遭遇环境政策的约束，由于限制和技术转型的需要，其相对收益降低，假设 t 时刻传统能源部门的收益受“命令控制型”政策的影响降低了 $\tau_t P_{jt} E_{jt}^{1-\alpha} \int_0^1 A_{jit}^{1-\alpha} x_{jit}^{\alpha} di$ ，结合传统能源部门的最优化生产行为，对等式（3-7）计算 E_{dt} 和 x_{dit} 的一阶条件，可得传统能源部门的要素价格和中间品需求为

$$e_{dt} = (1-\alpha)(1-\tau_t) P_{dt} A_{dt}^{1-\alpha} E_{dt}^{-\alpha} \int_0^1 x_{dit}^{\alpha} di \tag{3-8}$$

$$x_{dit} = \left(\frac{\alpha(1-\tau_t) P_{dt}}{v_{dit}} \right)^{\frac{1}{1-\alpha}} A_{dit} E_{dt} \tag{3-9}$$

相反，清洁能源部门受到“命令控制型”环境政策的影响较小，其相对收益不受影响，同理可得清洁能源部门的要素价格和中间品需求为

$$e_{ct} = (1-\alpha) P_{ct} A_{ct}^{1-\alpha} E_{ct}^{-\alpha} \int_0^1 x_{cit}^{\alpha} di \tag{3-10}$$

$$x_{cit} = \left(\frac{\alpha P_{ct}}{v_{cit}} \right)^{\frac{1}{1-\alpha}} A_{cit} E_{ct} \tag{3-11}$$

清洁能源和传统能源部门的中间品生产厂商同样基于利润最大化目标进行决策，其目标函数为 $\max \pi_{jit} = (v_{jit} - \psi_{jt}) x_{jit}$ ，其中 ψ_{jt} 表示 j 部门 t 时刻中间品 x 的边际成本。计算其一阶条件并且依据成本加成定价原理，中间品价格可以被视为其边际成本的固定加成，假设满足：$v_{jit} = (1/\alpha) \times \psi_{jt}$ 。两部门中间品需求的表达式可以改写为

$$x_{cit} = \left(\frac{\alpha^2 P_{ct}}{\psi_{ct}} \right)^{\frac{1}{1-\alpha}} A_{cit} E_{ct}, \quad x_{dit} = \left(\frac{\alpha^2 (1-\tau_t) P_{dt}}{\psi_{dt}} \right)^{\frac{1}{1-\alpha}} A_{dit} E_{dt} \tag{3-12}$$

借鉴 Romer（1990）的研究，利润最大化时该部门产品价格至少不低于中间品的边际成本，即 $P_{jt} = \psi_{jt}$ 。结合等式（3-3）将传统能源部门中间品需求的表达式代入传统能源部门中间品生产厂商的利润最大化函数 $\max \pi_{dit} = (v_{dit} - P_{dt}) x_{dit}$ ，得到传统能源部门的利润函数为

$$\pi_{dt} = (1-\tau_t) P_{dt} (1-\alpha) \alpha^{\frac{1+\alpha}{1-\alpha}} A_{dt} E_{dt} \tag{3-13}$$

同理，可得清洁能源部门的利润函数为

$$\pi_{ct} = P_{ct} (1-\alpha) \alpha^{\frac{1+\alpha}{1-\alpha}} A_{ct} E_{ct} \tag{3-14}$$

随后，将各部门中间品需求的表达式代入等式（3-2），可得各部门产出函数分别为

$$Y_{ct} = E_{ct}A_{ct}(\alpha)^{\frac{2\alpha}{1-\alpha}}, Y_{dt} = E_{dt}A_{dt}(1-\tau_t)^{\frac{\alpha}{1-\alpha}}(\alpha)^{\frac{2\alpha}{1-\alpha}} \quad (3-15)$$

不难发现，“命令控制型”环境政策可以通过影响传统能源部门的期望利润来改变传统能源部门的产出。

其次，探讨“市场激励型”环境政策 s_t 的作用。显然，“市场激励型”环境政策的目的之一是利用市场方式促进绿色技术的发展（齐绍洲 等，2018），因此其对清洁能源部门技术进步造成的影响更为突出，此时清洁能源部门中间品质量的改进速度会因此改变。为了探讨这一问题，参考 Aghion 和 Howitt（1992，2009）以及易信和刘凤良（2015）的研究，假设：①一个部门中从事研发的中间品生产厂商越多，其研发的技术越容易取得成功，即研发成功率与该部门从事研发的厂商数量有关；②一个部门的技术水平越高，对这项技术进行改进的难度也会越大，即研发成功率和中间品的技术水平有关；③一个部门的要素越丰富，越容易受到“资源诅咒”，该部门的中间品生产厂商也就越疏于创新，即研发成功率和资源丰富程度有关。综上所述，j 部门的研发成功率可以表示为

$$\int_0^1 \eta_{jit}di = \eta_{jt} = \chi_j\sqrt{\frac{m_{jt}}{A_{jt}E_{jt}}} \quad (3-16)$$

上述假设不仅缓解了厂商数量 m 增多带来的规模效应，而且符合前文的微观基础。其中，χ_j 表示 j 部门的研发效率，m_{jt}，A_{jt} 以及 E_{jt} 的含义与前文相同。针对性的环境政策将会通过提高一个部门的相对利润，来吸引更多厂商进入该部门进行研发及生产活动（Acemoglu et al.，2012），因此“市场激励型”环境政策可能会使得进入清洁能源部门开展研发及生产活动的厂商增多，从而直接影响清洁能源部门的研发成功率，并作用于技术进步率。因此，在等式（3-16）的基础上，清洁能源部门的研发成功率为

$$\int_0^1 \eta_{cit}di = \eta_{ct} = \chi_c\sqrt{\frac{s_t \times m_{ct}}{A_{ct}E_{ct}}} \quad (3-17)$$

借鉴 Bijgaart（2017）的研究，将“市场激励型”环境政策的影响设定为毛利率形式，即没有执行这类环境政策时 $s_t = 1$，执行后 $s_t > 1$。同时，研发一旦成功，清洁能源部门中间品的质量将从 A_{ct-1} 改进到 A_{ct}，并且在当期获得 π_{ct} 的利润。因此，清洁能源部门中间品生产厂商的期望利润为 $\eta_{ct}\pi_{ct}$，而研发所需成本为 $P_{ct}m_{ct}$。那么，其最优化研发行为可以表示为 $\max(\eta_{ct}\pi_{ct} - P_{ct}m_{ct})$，计算其一阶条件，可得最优研发成功率为

$$\eta_{ct} = \frac{1}{2}\sqrt{s_t}\chi_c^2(1 - \alpha)\ \alpha^{\frac{1+\alpha}{1-\alpha}} \tag{3-18}$$

上式表明，清洁部门的研发成功率取决于该部门的研发效率χ_c、“市场激励型”环境政策的强度s_t以及中间品使用的密集程度α。结合等式（3-4），清洁能源部门技术进步的期望函数为$A_{ct} = \gamma\eta_{ct}A_{ct-1} + (1 - \eta_{ct})\ A_{ct-1}$。

进一步而言，由于技术进步率满足$g_{ct} = (A_{ct} - A_{ct-1})\ /A_{ct-1}$，将技术进步的期望函数代入技术进步率公式，可得$g_{ct} = \eta_{ct}(\gamma - 1)$，将等式（3-18）代入该式，可得清洁能源部门的技术进步率为

$$g_{ct} = \frac{1}{2}(\gamma - 1)\ (1 - \alpha)\ \alpha^{\frac{1+\alpha}{1-\alpha}}\sqrt{s_t}\chi_c^2 \tag{3-19}$$

相反，传统能源部门受“市场激励型”环境政策的影响较小，所以其研发成功率并未发生变化，结合传统能源部门的最优研发行为$\max(\eta_{dt}\pi_{dt} - P_{dt}m_{dt})$，同理可得传统能源部门的技术进步率为

$$g_{dt} = \frac{1}{2}(\gamma - 1)\ (1 - \alpha)\ \alpha^{\frac{1+\alpha}{1-\alpha}}(1 - \tau_t)\ \chi_d^2 \tag{3-20}$$

不难发现，“市场激励型”环境政策使得清洁能源部门的技术进步加快，而“命令控制型”环境政策则有可能使传统能源部门的技术进步速度放缓。最后，结合技术进步率以及理论推导部分对能源技术进步偏向的界定$\zeta = A_{ct}/A_{dt}$，可得能源技术进步偏向“具体化”的表达式为

$$\begin{aligned}\zeta &= \frac{A_{ct}}{A_{dt}} = \frac{A_{ct-1}(1 + g_{ct})}{A_{dt-1}(1 + g_{dt})} \\ &= \frac{A_{ct-1}(1 + (1/2)\ (\gamma - 1)\ (1 - \alpha)\ \alpha^{\frac{1+\alpha}{1-\alpha}}\sqrt{s_t}\chi_c^2)}{A_{dt-1}(1 + (1/2)\ (\gamma - 1)\ (1 - \alpha)\ \alpha^{\frac{1+\alpha}{1-\alpha}}(1 - \tau_t)\ \chi_d^2)}\end{aligned} \tag{3-21}$$

等式（3-21）表明，在两部门研发效率相同的情况下（$\chi_c = \chi_d$），能源技术进步偏向受两部门技术存量（A_{jt-1}）和异质性环境政策（s_t和τ_t）的共同作用。当ζ上涨，能源技术进步就表现出清洁偏向；反之，ζ下降，能源技术进步就表现出传统偏向。具体而言：①清洁能源部门的技术存量与能源技术进步偏向呈正向关系，传统能源部门则相反，这证实了“路径依赖”特征和“技术锁定效应”的存在；②适当的环境政策能够改变能源技术进步偏向，无论是“市场激励型”环境政策，还是“命令控制型”环境政策都能够起到推动能源技术进步、表现出清洁偏向的作用；③一般来说，不同环境政策对能源技术进步偏向的作用强度并不完全一致。于是得

到命题1。

命题1：能源技术进步偏向受到自身技术存量和环境政策的共同影响，其中环境政策虽然能够起到转变能源技术进步偏向的作用，但不同类型环境政策驱动能源技术进步偏向发生转变的效果表现出异质性。

第三节　能源技术进步偏向与环境质量

一个既定事实是：污染排放越多，环境质量越差。所以，在有关环境问题的研究中大多通过污染物排放的多少来表征环境质量的优劣。而能源技术进步偏向能否实现减少污染排放、改善环境质量的目标是接下来所要探讨的关键问题。首先，根据CES生产函数和垄断竞争条件下最终产品生产者的利润最大化条件 $\max(Y_t - P_{ct}Y_{ct} - P_{dt}Y_{dt})$ 可得

$$\frac{P_{ct}}{P_{dt}} = \left(\frac{Y_{ct}}{Y_{dt}}\right)^{-\frac{1}{\varepsilon}} \tag{3-22}$$

将等式（3-15）代入等式（3-22），可得

$$\frac{P_{ct}}{P_{dt}} = \left(\frac{E_{ct}}{E_{dt}}\frac{A_{ct}}{A_{dt}}\right)^{-\frac{1}{\varepsilon}} \times (1-\tau_t)^{\frac{\alpha}{(1-\alpha)\varepsilon}} \tag{3-23}$$

同时，借鉴Otto等（2007）的研究，认为能源要素和劳动要素有相似的特性，即能源要素对所有使用部门来说应该是同样好用的，这意味着两部门能源要素的边际产品价值相等，结合等式（3-8）和等式（3-10），可得

$$e_{ct} = e_{dt} \Rightarrow$$

$$(1-\alpha)P_{ct}A_{ct}^{1-\alpha}E_{ct}^{-\alpha}\int_0^1 x_{cit}^{\alpha}di = (1-\alpha)(1-\tau_t)P_{dt}A_{dt}^{1-\alpha}E_{dt}^{-\alpha}\int_0^1 x_{dit}^{\alpha}di \tag{3-24}$$

将等式（3-12）代入等式（3-24），可得两部门产品价格之比相对于两部门技术水平的关系：

$$\frac{P_{ct}}{P_{dt}} = \left(\frac{A_{ct}}{A_{dt}}\right)^{-1} \times (1-\tau_t)^{\frac{1}{1-\alpha}} \tag{3-25}$$

随后，将等式（3-25）代入等式（3-23），可得两部门要素投入之比相对于两部门技术水平的关系：

$$\frac{E_{ct}}{E_{dt}}=\left(\frac{A_{ct}}{A_{dt}}\right)^{\varepsilon-1}\times(1-\tau_t)^{\frac{\alpha-\varepsilon}{1-\alpha}} \tag{3-26}$$

市场出清时要求能源要素满足 $E_{ct}+E_{dt}=1$（标准化）。因此，将 $E_{dt}=1-E_{ct}$ 代入等式（3-26），可以得到 E_{ct} 和 E_{dt} 的表达式为

$$E_{ct}=\frac{A_{ct}^{\ \varepsilon-1}(1-\tau_t)^{\frac{\alpha-\varepsilon}{1-\alpha}}}{A_{ct}^{\ \varepsilon-1}(1-\tau_t)^{\frac{\alpha-\varepsilon}{1-\alpha}}+A_{dt}^{\ \varepsilon-1}},\ E_{dt}=\frac{A_{dt}^{\ \varepsilon-1}}{A_{ct}^{\ \varepsilon-1}(1-\tau_t)^{\frac{\alpha-\varepsilon}{1-\alpha}}+A_{dt}^{\ \varepsilon-1}} \tag{3-27}$$

等式（3-27）表明两种类型能源要素的投入强度与能源技术水平（A_{ct} 和 A_{dt}）和两部门产品（Y_{ct} 和 Y_{dt}）之间的替代弹性 ε 和 α。因此，能源技术进步偏向的变化会对生产部门的能源结构造成持续性影响。

最后，将传统能源部门的产出函数（3-15）代入等式（3-5），能够得到新的污染存量的积累方程，并且进一步推导出清洁能源技术（即能源技术进步的清洁偏向）对环境质量的影响：

$$\begin{aligned}\frac{\partial Q_t}{\partial A_{ct}}&=\frac{\partial Q_t}{\partial W_t}\times\frac{\partial W_t}{\partial S_t}\times\frac{\partial S_t}{\partial A_{ct}}\\&=\rho W_t^{\rho-1}(1-\tau_t)^{\frac{\alpha}{1-\alpha}}(\alpha)^{\frac{2\alpha}{1-\alpha}}A_{ct}^{-\zeta}E_{dt}\left(E_{ct}\left(\frac{1}{\zeta}\right)(\varepsilon-1)-(\ln A_{ct}+1)\right)\end{aligned} \tag{3-28}$$

等式（3-28）中，假设 $f_1=\rho W_t^{\rho-1}(1-\tau_t)^{\frac{\alpha}{1-\alpha}}(\alpha)^{\frac{2\alpha}{1-\alpha}}A_{ct}^{-\zeta}E_{dt}$，不难发现，在假设条件下 $f_1>0$ 显然成立，所以能源技术进步的清洁偏向对环境质量的影响取决于 $f_2=((E_{ct}/\zeta)(\varepsilon-1)-(\ln A_{ct}+1))$ 的大小。因此，能源技术进步的清洁偏向能否优化环境质量，与两部门产品间的替代弹性 ε 有关。当清洁能源产品能够有效替代传统能源产品时，满足 $\varepsilon>1$，此时 f_2 是 A_{ct} 的减函数，若初始时刻 $f_2<0$，清洁能源技术 A_{ct} 的提升会立即表现出对环境质量的改善作用。若初始时刻 $f_2>0$，清洁能源技术 A_{ct} 的提升带来能源技术进步偏向 ζ 上涨，直到超过某一数值后会使得 f_2 持续降低并趋近于 0。这意味着清洁能源技术的发展并不一定能够立即改善环境，只有能源技术进步的清洁偏向越过一定的“门槛”才能起到优化环境质量的作用，其环境效应表现出 U 型曲线特征。从现实来看，清洁能源产品大多数时候能够有效替代传统能源产品，即 $\varepsilon>1$ 成立，并且 ε 越大，f_2 越可能为正，所以 $f_2>0$ 的情况可能更贴合实际。

结合本书对能源技术偏向的定义 $\zeta = A_{ct}/A_{dt}$ ，不难发现，能源技术进步的清洁偏向（即 ζ 上升）对环境质量的优化作用可能存在 U 型曲线特征。这是因为，虽然长期来看能源技术进步的清洁偏向能够扩大了经济整体的产出规模（即 Y 上升），但是由于现阶段清洁能源产品对传统能源产品的替代能力不足，导致短期内传统能源技术发展减速造成的产出损失更大，这是形成经济发展与能源环境矛盾的一个潜在原因。随着清洁能源技术的发展，清洁能源的产出规模扩大得更多（即 Y_{ct} 比 Y_{dt} 提高得更多），此时能源技术进步的清洁偏向能够更为显著地缓解经济发展和能源环境约束之间的矛盾。于是得到命题 2。

命题 2：在清洁能源产品能够有效替代传统能源产品的前提下，能源技术进步的清洁偏向能够起到减少污染排放、改善环境质量的作用。但是，其对环境质量的影响并非立竿见影，而是表现出 U 型曲线特征。

第四节　能源技术进步偏向、环境政策与污染排放的联动关系

通过前文的分析，政府可以通过适当的环境政策（命令控制型、市场激励型）引导能源技术进步表现出清洁偏向（即 ζ 上升），而能源技术进步的清洁偏向又可以起到减少污染排放、改善环境质量的作用。因此，本书尝试将两部分贯通，进一步考察“命令控制型”和“市场激励型”环境政策通过转变能源技术进步偏向来影响环境质量的内生化联动过程是否存在。

首先，分析命令控制型环境政策对环境质量的作用：

$$\begin{aligned}\frac{\partial Q_t}{\partial \tau_t} &= \frac{\partial Q_t}{\partial W_t} \times \frac{\partial W_t}{\partial S_t} \times \frac{\partial S_t}{\partial \tau_t} \\ &= \rho W_t^{\rho-1}\left(A_{ct}^{-\zeta}\frac{\partial Y_{dt}}{\partial \tau_t} + A_{dt}^{-2}\ln A_{ct}A_{ct}^{1-\frac{A_{ct}}{A_{dt}}}\frac{\partial A_{dt}}{\partial \tau_t}Y_{dt}\right)\end{aligned} \tag{3-29}$$

等式（3-29）中，$\partial Y_{dt}/\partial \tau_t$ 以及 $\partial A_{dt}/\partial \tau_t$ 表示命令控制型政策对传统能源部门产出和传统能源技术水平的作用，满足：

$$\frac{\partial Y_{dt}}{\partial \tau_t} = (\alpha)^{\frac{2\alpha}{1-\alpha}}\left(-\frac{\alpha}{1-\alpha}(1-\tau_t)^{\frac{2\alpha-1}{1-\alpha}}A_{dt}E_{dt} + (1-\tau_t)^{\frac{\alpha}{1-\alpha}}\left(\frac{\partial E_{dt}}{\partial \tau_t}A_{dt} + E_{dt}\frac{\partial A_{dt}}{\partial \tau_t}\right)\right) \tag{3-30}$$

$$\frac{\partial A_{dt}}{\partial \tau_t} = -\frac{1}{2}(\gamma - 1)(1 - \alpha)\alpha^{\frac{1+\alpha}{1-\alpha}}\chi_d^2 \tag{3-31}$$

$$\frac{\partial E_{dt}}{\partial \tau_t} = \frac{(1-\tau_t)^{\frac{2\alpha-\varepsilon-1}{1-\alpha}}\left(\frac{\partial A_{dt}}{\partial \tau_t}(1-\tau_t)(\varepsilon-1) + \frac{\alpha-\varepsilon}{1-\alpha}A_{dt}\right)A_{dt}^{\varepsilon-2}A_{ct}^{\varepsilon-1}}{(A_{ct}{}^{\varepsilon-1}(1-\tau_t)^{\frac{\alpha-\varepsilon}{1-\alpha}} + A_{dt}{}^{\varepsilon-1})^2} \tag{3-32}$$

观察等式（3-30）至等式（3-32）不难发现，命令控制型环境政策通过影响传统能源部门的要素投入（$\partial E_{dt}/\partial \tau_t$）和传统能源部门的技术水平（$\partial A_{dt}/\partial \tau_t$）来影响传统能源部门的产出（$\partial Y_{dt}/\partial \tau_t$）。而命令控制型环境政策又通过影响传统能源部门的技术水平来影响其要素投入。因此，命令控制型环境政策对传统能源部门技术水平的影响（即$\partial A_{dt}/\partial \tau_t$）最为关键。

显然，在假设条件下$\partial A_{dt}/\partial \tau_t$必然为负，即命令控制型环境政策会约束传统能源技术的发展，从而对能源技术进步偏向$\zeta = A_{ct}/A_{dt}$造成影响。进一步来说，当清洁能源产品能够替代传统能源产品时，满足$\varepsilon > 1$，所以$\partial E_{dt}/\partial \tau_t$为负，那么$(\partial E_{dt}/\partial \tau_t)A_{dt} + E_{dt}(\partial A_{dt}/\partial \tau_t)$也为负，从而$\partial Y_{dt}/\partial \tau_t$同样为负。

结合等式（3-29）可以发现，命令控制型环境政策通过约束传统能源部门的技术发展以及减少该部门的产出来降低污染排放、改善环境质量Q，这证实了“命令控制型”环境政策通过改变能源技术进步偏向，进一步对环境质量产生影响的作用机制是存在的。

其次，分析市场激励型环境政策对环境质量的作用：

$$\begin{aligned}\frac{\partial Q_t}{\partial s_t} &= \frac{\partial Q_t}{\partial W_t} \times \frac{\partial W_t}{\partial S_t} \times \frac{\partial S_t}{\partial s_t} \\ &= \rho W_t^{\rho-1}A_{ct}^{-\frac{A_{ct}}{A_{dt}}}\left(\frac{\partial Y_{dt}}{\partial s_t} + \left(-\frac{1}{A_{dt}}(1+\ln A_{ct})\right)\frac{\partial A_{ct}}{\partial s_t}Y_{dt}\right)\end{aligned} \tag{3-33}$$

等式（3-30）中，$\partial Y_{dt}/\partial s_t$以及$\partial A_{ct}/\partial s_t$表示市场激励型环境政策对传统能源部门产出和清洁能源技术水平的作用，满足：

$$\frac{\partial Y_{dt}}{\partial s_t} = A_{dt}(1-\tau_t)^{\frac{\alpha}{1-\alpha}}(\alpha)^{\frac{2\alpha}{1-\alpha}}\frac{\partial E_{dt}}{\partial s_t} \tag{3-34}$$

$$\frac{\partial A_{ct}}{\partial s_t} = \frac{1}{4}A_{ct-1}(\gamma - 1)(1-\alpha)\alpha^{\frac{1+\alpha}{1-\alpha}}s_t{}^{-\frac{1}{2}}\chi_c^2 \tag{3-35}$$

$$\frac{\partial E_{dt}}{\partial s_t}=\frac{(1-\varepsilon)A_{ct}^{\varepsilon-2}A_{dt}^{\ \varepsilon-1}(1-\tau_t)^{\frac{\alpha-\varepsilon}{1-\alpha}}\frac{\partial A_{ct}}{\partial s_t}}{(A_{ct}^{\ \varepsilon-1}(1-\tau_t)^{\frac{\alpha-\varepsilon}{1-\alpha}}+A_{dt}^{\ \varepsilon-1})^2} \tag{3-36}$$

不难发现，$\partial A_{ct}/\partial s_t$ 为正，说明市场激励型环境政策可以有效刺激清洁能源部门的技术进步，从而对能源技术进步偏向 $\zeta=A_{ct}/A_{dt}$ 造成影响。同时，当清洁能源产品能够替代传统能源产品时，满足 $1-\varepsilon<0$，所以 $\partial E_{dt}/\partial s_t$ 为负，那么市场激励型环境政策将通过削弱传统能源部门的要素投入来减少污染产出。结合等式（3-33），不难发现“市场激励型”环境政策通过促进清洁能源部门的技术发展以及减少传统能源部门的污染产出来改善环境质量 Q，这即是市场激励型环境政策通过转变能源技术进步偏向以此对环境质量产生影响的作用机制。结合上述内容得到命题 3。

命题 3：在清洁能源产品能够有效替代传统能源产品的前提下，命令控制型和市场激励型环境政策都可以通过转变能源技术进步偏向来减少污染排放，从而改善环境质量。

第五节　本章小结

在这一章节中，我们扩展了 Acemoglu 等（2012）的研究模型，将能源及环境要素引入其中，通过 CES 生产函数和 C-D 生产函数的双层嵌套，实现两种类型的能源技术能够以不同的速度发展，从而可以刻画能源技术进步在清洁能源技术和传统能源技术之间的发展偏向，以此探讨环境政策对能源技术进步偏向的驱动作用，以及能源技术进步偏向的环境影响。理论分析表明：其一，不同类型环境政策对能源技术进步偏向的驱动作用表现出异质性，并且“命令控制型”政策对能源技术进步偏向的转变作用大于“市场激励型”政策造成的影响。其二，能源技术进步偏向朝清洁方向发展时的确能够起到减少污染排放、优化环境质量的作用，但是其对环境质量的影响表现出先降后升的 U 型曲线特征。其三，无论“命令控制型”还是“市场激励型”环境政策，都可以通过改变能源技术进步偏向来影响污染排放，通过环境政策调整能源技术进步偏向，以此影响环境质量的作用机制是存在的。

在“杰文斯悖论”假说的作用下，中国的能源需求与环境污染矛盾日趋严重，而能源技术进步显然是缓解这一矛盾的有力武器。然而，仅依赖市场本身的作用，能源技术并不一定会朝清洁方向发展，环境政策的实施势在必行。需要注意的是，虽然可以通过环境政策推动能源技术朝清洁方向转变，但在制定并执行具体政策时仍需关注下述问题：①某些环境规制工具可能会对产出带来暂时性的负面影响。例如，针对传统部门的环境税，就可能对传统能源部门的产出和技术发展造成短期内的抑制作用，所以需要采用组合式的环境规制方式，以此权衡环境政策与环境质量之间的成本与收益，力图找到最优政策组合。②某些环境政策存在严重的信息不对称现象。例如，意图引导清洁技术发展的排污权交易市场，很容易引发“道德风险”问题，导致清洁能源技术被大肆利用及二次开发，造成产能过剩，尤其是在风能和太阳能光伏领域。为了规避这一问题，可以结合地域特性特质对不同类型的清洁能源技术（水电、核能、风能、生物质能、太阳能、地热能和海洋能）施行差异化政策扶持，切实地提高清洁能源技术的发展速度。③当前，中国的清洁能源发展主要集中在水电、风电以及太阳能等方面，强调发电装机容量，忽视其多样化应用，从而导致清洁能源产品对传统能源产品的替代能力不足。因此，深入细化核电、生物质和新能源汽车等领域的配套政策，进一步巩固清洁能源在一次能源中的作用，逐步扩大清洁能源产品及相关技术的应用范围，以此减少使用传统能源对环境造成的负面效应。

总的来说，理论分析的主要命题可以进一步总结为能源技术进步偏向、环境政策和环境质量（污染排放）之间潜在的两个作用关系：一是适当的环境政策能够起到推动能源技术进步偏向发生转变，即分析了环境政策影响能源技术进步偏向的政策驱动效应；二是能源技术进步偏向能够起到减少污染排放、优化环境质量的作用，即考察了能源技术进步偏向的环境影响。本书的后续章节将采用数值模拟和计量实证检验相结合的方式对前文提及的“政策驱动”和“环境影响”展开研判。

第四章　数值模拟实验

这一章拟采用数值模拟的方法对第三章理论模型的推导结果进行动态检验，尝试分析在“不同类型环境政策”以及“不同环境政策强度”条件下，能源技术进步偏向和环境质量之间的内在联动关系。具体来说，采用设置情景（scenario）的方式，仿真模拟环境政策对能源技术进步偏向的影响，以及能源技术进步偏向发生转变后对环境质量起到的改善作用，即探究环境影响和政策驱动效应在理论分析层面的有效性。数值模拟实验的实现基于 Matlab 2014a 完成。

第一节　参数取值及校准

在进行数值模拟实验之前，一般需要对模型中的外生变量进行参数取值设定和校准处理，常见参数的设定及校准主要基于现有研究给定的数据，例如中间品使用密集度和替代弹性等。而与本书内容有关的核心参数，例如能源技术进步偏向则需要通过进一步测算获得。

首先，参考 Hemous（2016）以及 Lennox 和 Witajewski - Baltvilks（2017）的研究，取 $\alpha = 0.5$，表示中间品使用的密集程度，这样的取值更为“居中”并有利于比较不同情景的模拟结果。关于清洁能源部门产品和传统能源部门产品之间的替代弹性 ε，参考 Pottier 等（2014）的研究，认为现阶段部分高污染产品并不能完全被清洁型产品所取代，所以过高的替代弹性（$\varepsilon = 10$）并不合理，而替代弹性过低（$\varepsilon = 1.5$）显然有过多的高污染产品无法被清洁产品取代，则经济增长和节能减排难以同时实现，因此取 $\varepsilon = 3$，表示两部门产品之间的替代关系。在数值模拟部分，本书拟采用二氧化碳来表示环境污染情况，所以假定环境的自我恢复能力 $\delta = 0.01$，即二氧化碳排放每年有大约1%能被自然稀释[①]。为方便计算，设技术改进的效果参数$\gamma=2$，表示一旦技术创新成功，中间品的质量肯定能够得到改进，且改进幅度为原来的两倍。最后，借鉴董直庆等（2014）的研究，污染治理的主要对象是“大气、土壤和水体”，据此假设污染和环境质量之间的转换参数为$\rho=-1/3$，表示二氧化碳排放造成“大气、土壤和水体”三者之一受到污染。

其次，采用两种能源技术的相对技术强度（$\zeta=A_{ct}/A_{dt}$）来衡量能源技术进步偏向（Acemoglu, 2002；戴天仕和徐现祥，2010），这一点力图与理论模型分析时的情况保持一致。因此，如何度量清洁能源部门与传统能源部门的技术进步是本章的关键所在。

一般情况下，测算技术进步大多采用与数据包络分析（DEA）相关的方法（涂正革和谌仁俊，2015；景维民和张璐，2014），该方法能够将绿色技术进步从全要素生产率中分解出来。然而对于能源领域而言，难以从总产出中完全区分清洁投入和清洁产出，在这种条件下使用DEA方法分解得到能源技术进步，会形成一定程度的主观误差（董直庆和王辉，2019）。为了解决这一问题，借鉴Popp（2002）、Aghion等（2016）、Noailly和Smeets（2015）以及齐绍洲等（2018）的研究思路，采用专利来表征清洁能源和传统能源技术进步。

一、清洁能源技术分类

依据世界知识产权组织发布的绿色技术清单（IPC Green Inventory）[②]，参考国际专利分类（International Patent Classification, IPC）来搜索与清洁能源技术相关的专利在中国地区的申请数，以此表示清洁能源技术进步[③]。

需要注意的是，绿色技术清单中不仅包含了清洁能源技术，还包含了

---

① 联合国政府间气候变化专门委员会（IPCC，世界气象组织WMO及联合国环境规划署UNEP于1998年联合建立的政府间机构）报告显示，二氧化碳排放发生的几十年后（25年至50年），二氧化碳的自然衰减每年超过0.5%。

② 绿色技术清单是根据联合国气候变化框架公约（UNFCCC）提出的针对性技术词语来制定的，目的是方便检索与“环境友好型技术”（Environmentally Sound Technologies, ESTs）相关的专利细节。

国际专利分类（IPC）主要参考https://www.wipo.int/classifications/ipc/en/green_inventory/，该标准于2010年9月16日推出，包含发明和实用新型两类专利。采用专利申请数而非授权数，主要是因为技术创新发生后，如果该创新存在价值往往会立即申请专利保护，以此获得该技术的垄断收益，所以专利申请和创新活动发生的时间最为接近（Popp, 2002）。

③ 专利分类的含义参考International Patent Classification（Version 2019）。

概念更为广泛的其他绿色技术。因此，需要对数据进行整理，从绿色技术清单中甄别哪些专利属于能源技术。

绿色技术清单将所有的绿色技术分为七大类：可替代能源（alternative energy production）、交通运输（transportation）、节能减排（energy conservation）、废物管理（waste management）、农业及林业管理（agriculture/forestry）、行政规划或制度设计（administrative regulatory or design aspects）以及核技术发电（nuclear power generation）。不难发现，“可替代能源”“节能减排”“核技术发电”与能源技术密切相关，能够直接反应清洁能源技术专利的申请情况。同时，这七大类技术还被进一步细分为多个层级的子类，为了最大程度避免专利理解上的主观偏差，结合 Noailly 和 Shestalova（2017）的研究以及 WIPO 专利分类号，本书再次对第一至第二层级的绿色技术进行了整理，目的是进一步剔除明显与清洁能源技术无关的绿色技术。最终，整理后得到的清洁能源技术分类如表 4-1 所示。

表 4-1　清洁能源技术分类

技术类型	说明	IPC 分类
风能	主要包含：风力发电机	F03D
太阳能	主要包含：利用太阳能产生机械动力的装置；太阳能热能利用；通过辐射向干燥固体材料或物体施加热量的过程；对红外线辐射敏感的多个半导体元件组成的装置，特别适于将这种辐射的能量转换成电能；对红外辐射、光、较短波长的电磁辐射或微粒辐射敏感的半导体器件，特别适合用作将这种辐射的能量转换为电能的器件，包括光电电池板或光电管阵列；把光辐射直接转换成电能的发电机	F03G6 F24J2 F26B3/28 H01L27/142 H01L31/042-058 H02N6
地热能	主要包含：利用地热能产生机械动力的装置；非燃烧产生的热量及其产生或使用	F03G4 F24J3/08
海洋热能转换	主要包含：潮汐发电；装有发电机或电动机的水下装置；海洋热能转换	E02B9/08 F03B13/10-26 F03G7/05

表4-1（续）

技术类型	说明	IPC 分类
水力发电	主要包含：水力发电的布局、构造或设备、方法或仪器，非潮汐或波浪；反应式机械或发动机、水车轮、蓄水池式电站、在水坝或类似地方的机器或发动机聚集、控制机器或引擎的液体	E02B9 F03B3、F03B7、F03B13/06-08、F03B15
生物质燃料	主要包含：动物或植物燃料；以固体燃料（木头等）为燃料的发动机	C10L5/42-44 F02B43/08
利用人造垃圾中的能量	主要包含：以污水、生活垃圾、工业废渣或废料为来源的固体燃料；垃圾焚烧和热量回收；焚化炉或其他消耗废弃物的设备；液态含碳燃料、气态燃料、固体燃料、和倾倒固体废物、销毁固体废物或将固体废物转化为有用或无害的物品、废物焚化设备；将热能或流体转化为机械能的工厂、内燃机余热的利用、使用特殊能源的机器、工厂或系统	C10L5/46-48 F23G5/46 F23G7/10 C10L1、C10L3、C10L5、B09B1、B09B3、F23G5、F23G7 F01K27、F02G5、F25B27/02、F23G5、F23G7
燃料电池[①]	主要包含：铅酸蓄电池气密蓄电池；碱性蓄电池；气密性蓄电池；电能储能	H01M10/06-18 H01M10/24-32 H01M10/34 H01M10/36-40
核技术发电	主要包含：核工程；利用核热源的燃气轮机	G21B、G21C、G21D F02C 1/05

上述绿色技术不仅属于能源技术，而且能够显著降低污染排放，所以本书将其界定为清洁能源技术具有一定的说服力。同时，本书对清洁能源技术的分类方法在相关研究中也有使用（Albino et al.，2014；Noailly & Shestalova，2017；Yang et al.，2019）。除此之外，本书还进一步甄别了其他绿色技术，尽可能地避免遗漏其他分类条件下的清洁能源技术。

① 燃料电池技术是电力储能技术的关键之一，关乎电力资源的利用能力，而电力一般被认为是清洁的能源，因此燃料电池技术应该被视为清洁能源技术之一，这一点不同于 B60K 6/28、H01G 11/00、H02J 3/28 等通用性更强的电池、电容、电力组网及 LED 技术。

二、传统能源技术分类

关于传统能源技术进步，主要涉及煤炭、原油以及天然气等化石燃料，而这些化石燃料至少有70%~95%被用于燃烧发电（Noailly & Smeets, 2015）。因此，本书借鉴 Cho 和 Sohn（2018）以及 Lanzi 等（2011）的研究来界定传统能源技术及其分类，同样也使用 IPC 分类来搜索传统能源技术相关专利在中国的申请数。最终，整理后得到的传统能源技术分类如表 4-2所示。

表 4-2　传统能源技术分类

技术类型	说明	IPC 分类
煤炭	主要包含：煤炭燃烧时不经热解使空气或其他气体汽化而生产燃料气体的燃煤技术	C10J
发动机、引擎	主要包含：蒸汽机设备；蒸汽蓄能器；未另作规定的发动机设备；使用特殊工作流体或循环的发动机	F01K
涡轮机	主要包含：燃气轮机；喷气推进装置；控制呼吸式喷气推进装置中的燃料供应	F02C
燃气	主要包含：热气或燃烧发动机；内燃机余热利用	F02G
蒸汽	主要包含：蒸汽生产及制造，“蒸汽”包括其他可冷凝的气体，例如汞、二苯基、二苯醚	F22
燃烧器及设备	主要包含：燃烧装置；燃烧过程	F23
熔炉	主要包含：熔炉；火窑；烤炉；热能反驳	F27
流化床燃烧	主要包含：以液体为流化介质在流体和固体颗粒存在条件下进行的化学或物理过程或用于这种过程的设备	B01J 8/20，22
	主要包含：根据流化床技术在流体和固体颗粒存在条件下进行的化学或物理过程或用于这种过程的设备	B01J 8/24-30

表4-2(续)

技术类型	说明	IPC 分类
引燃、点火装置	主要包含：以燃油和空气混合物压缩点火为特征的发动机	F02B 1/12，14
	主要包含：以压缩点火、空气压缩和随后添加燃料为特征的发动机	F02B 3/06，08，10
	主要包含：通过压缩点燃额外的燃料来点燃燃油并混合空气燃烧的发动机	F02B 7
	主要包含：具有燃料和空气压缩特征的发动机，并具有正点火和压缩点火特征，例如在不同的气缸中燃烧的汽车发动机	F02B 11
	主要包含：通过使用辅助流体将液体燃料引入气缸或使用空气或气体的压缩点火发动机	F02B 13/02，04
	主要包含：操作空气压缩或压缩点火发动机的方法，也包括将少量细雾化的燃料引入发动机进气口的空气中以促进燃烧	F02B 49

注：本书对传统能源技术 IPC 分类代码中可能涉及的清洁能源技术进行了剔除（例如：F02C 分类下的部分专利 F02C 3/28、F02C 6/18 以及 F02C 1/05 实际属于清洁技术），进一步确保了数据的有效性。

传统能源技术的发展虽然提高了能源效率，并以此降低污染排放，但并未改变污染排放依然存在的客观事实。所以，为了和污染排放极低的清洁能源技术形成对比，本书将上述能源技术界定为产生污染的传统能源技术具有一定的说服力。

三、能源技术进步的度量

这一章节中，我们采用两种能源技术所累积的专利申请数来估算两种能源技术进步（Popp，2002；Peri，2005），以此得到两部门的能源技术进步的强度、偏向及进步率。随着时间的流逝，某些技术显然存在“过时”的可能性，因此需要考虑知识或技术进步产生的折旧，采用永续盘存法（Perpetual Inventory Method，PIM）度量两种能源技术的强度（Aghion et al.，2016；Noailly & Smeets，2015）。一般来说，在生产函数中技术进步或生产率通常以存量表示，计算方法如下：

$$KS_{jt} = (1 - d)\ KS_{jt-1} + PAT_{jt} \qquad (4-1)$$

其中，$j \in \{c,\ d\}$ 表示清洁和传统类型的能源技术，KS_{jt} 表示 t 时刻 j 部门的能源技术进步，PAT_{jt} 表示清洁或传统能源部门在第 t 期的专利申请数，d 表示知识或技术的折旧率。一般情况下，知识的折旧速度高于资本，所以借鉴吴延兵（2006）、严成樑等（2010）以及 Noailly 和 Smeets（2015）的研究，取 $d = 0.15$ 表示知识或技术的折旧率。随后，结合等式（4-1）可以得到基期能源技术进步的计算方法。假定能源技术的平均增长率等于其专利申请数的平均增长率（严成樑 等，2010）：

$$(KS_{jt} - KS_{jt-1})\ /KS_{jt-1} = (PAT_{jt} - PAT_{jt-1})\ /PAT_{jt-1} = g \qquad (4-2)$$

$t = 1$ 时，等式(4-2)可以化简为 $KS_{j1} = (1 + g)\ KS_{j0}$，结合等式（4-1），可得 $KS_{j1} = (1 - d)\ KS_{j0} + PAT_{j0}$。所以，得到基期 j 部门能源技术进步为

$$KS_{j0} = \frac{PAT_{j0}}{g + d} \qquad (4-3)$$

专利数据的样本周期为 1990—2017 年[①]，数据全部来自国家知识产权局（State Intellectual Property Office，SIPO），按照等式（4-2）进行折算，用样本周期内的均值表示清洁能源部门和传统能源部门各自的技术进步率。

图 4-1 和图 4-2 的测算结果显示：其一，传统能源技术专利的累积申请数高于清洁能源技术，证实了中国传统能源技术存量更为领先的事实。其二，传统能源技术的平均技术进步率低于清洁能源技术。具体而言，1995 年以后能源技术的研发活动进入了相对较为活跃的时期，尤其是清洁能源技术。2000—2010 年，清洁能源技术始终保持了较高的增长水平，但是传统能源技术的增长却呈现出较大的起伏，而 1995 年之前和 2011 年之后这两种类型的能源技术则表现出较为一致的变化趋势。

① 一般情况下，专利从申请到公开需要经历 3 年左右的时间（Yang et al.，2019；王班班和齐绍洲，2016），如果不考虑专利公开的时间延迟可能会导致严重的数据缺失问题，因此本书的数据截止日期为 2017 年。

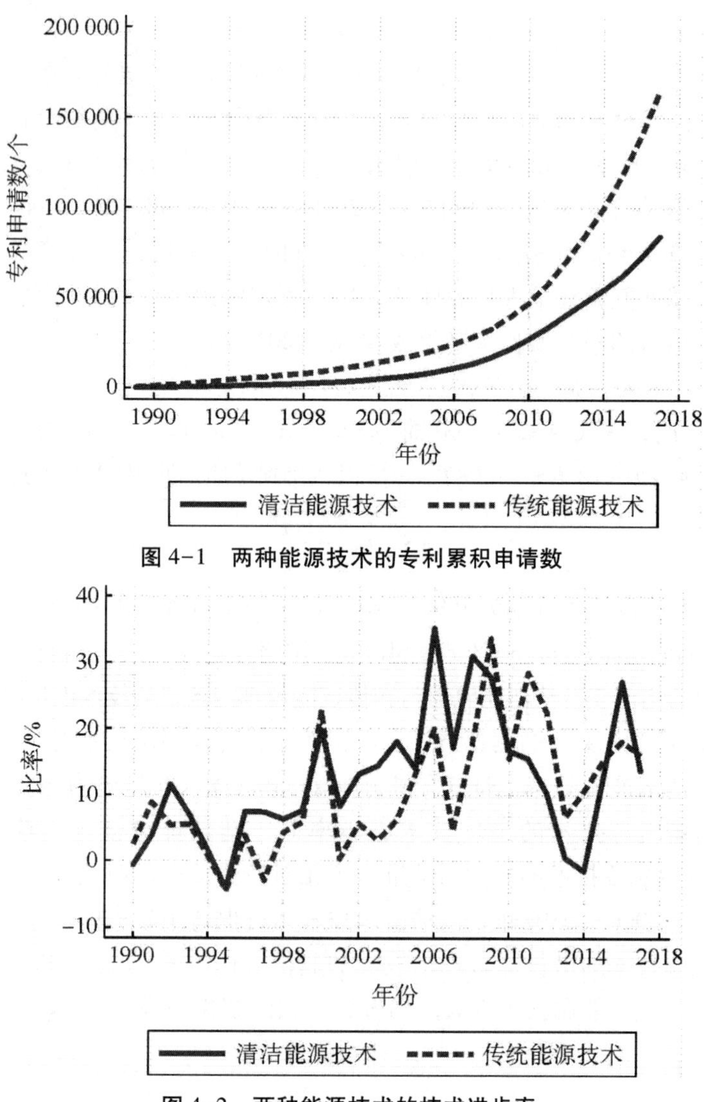

图 4-1　两种能源技术的专利累积申请数

图 4-2　两种能源技术的技术进步率

四、环境质量的度量

在数值模拟实验中，本书用二氧化碳排放来衡量传统能源部门生产对环境造成的影响，以此得到基期的环境质量。联合国政府间气候变化专门委员会在“2006 IPCC Guidelines for National Greenhouse Gas Inventories”中详细介绍了估算化石燃料燃烧引起的二氧化碳排放的方法。其中，根据化石能源消耗量及燃料排放因子来估算二氧化碳的排放量，是一种简洁高效的方法，并大量应用在碳排放相关的研究中（王锋 等，2010）。

采用历年《中国能源统计年鉴》的分行业分能源品种的消费量数据进行估算。借鉴杨骞和刘华军（2012）和王锋等（2010）的研究，为了避免二氧化碳排放被重复计入，一是需要从分行业能源消费量中剔除“石油加工、炼焦及核燃料加工业”消费的煤炭和原油，二是需要剔除“中国能源平衡表（实物量）”中工业用作原料和材料的能源消费。具体估算方法如下：

$$CO_2 = \sum_{i=1}^{8} E_i \times ALCV_i \times CEF_i \tag{4-4}$$

其中，i 表示煤炭、焦炭、原油、汽油、煤油、柴油、燃料油和天然气 8 种化石燃料，E_i 表示第 i 种化石燃料的分行业消费量，$ALCV_i$ 是各种化石燃料的“平均低位发热量”用于转化能源消费量，CEF_i 表示各种化石燃料的二氧化碳排放因子。$ALCV_i$ 及 CEF_i 的取值如表 4-3 所示。

表 4-3　ALCV 及 CEF 的取值

	煤炭	焦炭	原油	汽油	煤油	柴油	燃料油	天然气
ALCV（kj/kg）	20 908	28 435	41 816	43 070	43 070	42 652	41 816	38 931
CEF（kg/TG）	95 933	105 996	73 333	70 033	71 500	74 067	77 367	56 100

注：ALCV 的折算参考 2022 年版《中国能源统计年鉴》附录 4，煤炭以原煤代表，天然气的 ALCV 取最大值。CEF 的数据取值来源于 IPCC（2006），其中煤炭取无烟煤、炼焦煤的平均值。

第二节　模拟结果分析

本书采用设置模拟情景的方式进行数值模拟分析，以此对第三章第一节的主要命题进行检验。图 4-2 的数据显示，样本时间段内两部门的技术进步率虽然有一定程度的波动，但总体来看没有明显的上升或下降趋势，基本是稳定的。因此，借鉴董直庆等（2014）的研究，进行数值模拟时假定两部门技术进步率保持不变，采用 1990—2017 年两部门技术进步率的平均值表示（$g_c = 0.123, g_d = 0.104$）。此外，为了结合实际经济情况，假定 2017 年为数值模拟基期（$t = 0$ 的时期），1 年为 1 期共模拟 50 期，基期条件下能源技术进步偏向的强度为 $\zeta = A_{c0}/A_{d0} = 0.4251$。

需要注意的是，在缺少相关政策扶持的条件下，现阶段专门从事清洁能源技术创新的公司大多难以生存，技术创新主要发生在既研究清洁技术又发展传统技术的混合型公司中（Noailly & Smeets，2015）。这提示我们在实际经济中，随时可能出现清洁能源技术研发投入不足，传统能源技术发展速度再度占优的“反事实情况”。因此，在后续的模拟情景设置中，本书将同时考虑清洁能源技术发展占优（$g_c = 0.123 > g_d = 0.104$）和传统能源技术发展占优的“反事实情况”（$g_c = 0.123 < g_d = 0.124$）①，并以此进行对比，考察在不同的技术优势前提下，环境规制对能源技术进步偏向的作用，以及环境质量受能源技术进步偏向的影响是否符合理论预期，这也是数值模拟的敏感性分析方法之一。因此，设置模拟情景如下：

模拟情景 1：假定政府不对现行的环境政策做出任何调整，那么能源技术进步就会维持当前状态发展，考察在此基准情景下能源技术进步偏向和环境质量会发生怎样的变化。

图 4-3 的模拟结果显示，在清洁能源产品和传统能源产品呈替代关系的条件下（$\varepsilon = 3$），由于清洁能源技术的发展速度占优（$g_c > g_d$），能源技术进步偏向缓慢提高（表现出清洁偏向），此时的环境质量首先呈下降趋势，直到迎来“拐点”后才会逐渐好转，环境质量表现出先降后升的 U 型曲线特征，该数值模拟得出的特征化事实与理论预期基本相符。而“拐点”的形成与此时能源技术进步的清洁偏向程度有关，只有当能源技术进步的清洁偏向超过一定的阈值，环境质量才开始好转。但是，由于没有环境政策的干预，在模拟期末清洁能源技术始终未能超过传统能源技术（即 $A_{ct}/A_{dt} = 0.9806 < 1$），能源技术进步偏向增长缓慢，迫使环境质量历经 31 期才迎来“拐点”，此时能源技术进步偏向的强度为 0.709 1。此外，模拟初期的环境质量为 0.216 5，模拟 50 期后的环境质量为 0.181 9，与初期相比下降了 16%，在模拟期内环境质量无法恢复到初始状态，预示着环境质量依然未能从根本上得到改善。而图 4-4 的模拟结果显示，如果将来传统能源技术的发展速度占优（$g_c < g_d$），那么能源技术进步将会从基期的 0.425 1 逐渐下降至模拟期末的 0.406 8，能源技术未能表现出清洁偏向，而是表现出传统能源技术偏向。在这种能源技术进步偏向条件下，环境质量将持续下降，从模拟期初的 0.216 5 减少至模拟期末的 0.080 0，下降幅度超过 60%，环境污染严重，这是由于能源技术的清洁偏向严重不足，传

① 为了构建“反事实情况”，本书在原有基础上人为地提高传统能源技术进步率 0.02，使其超过清洁能源技术进步率。

统能源技术大量使用所致。

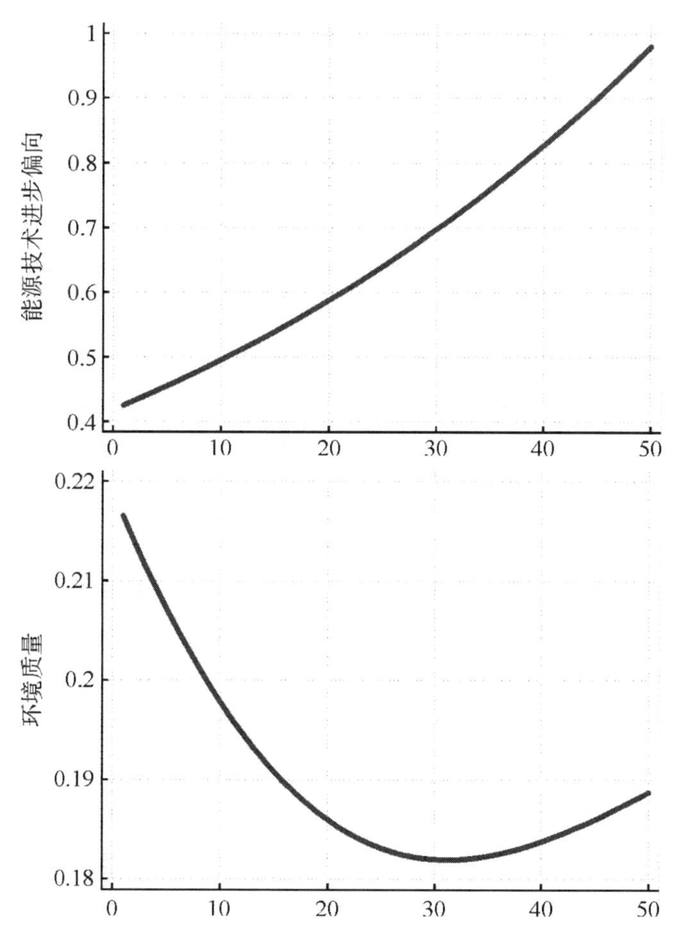

图 4-3　不改变环境政策时能源技术偏向和环境质量的变化趋势（$g_c > g_d$）

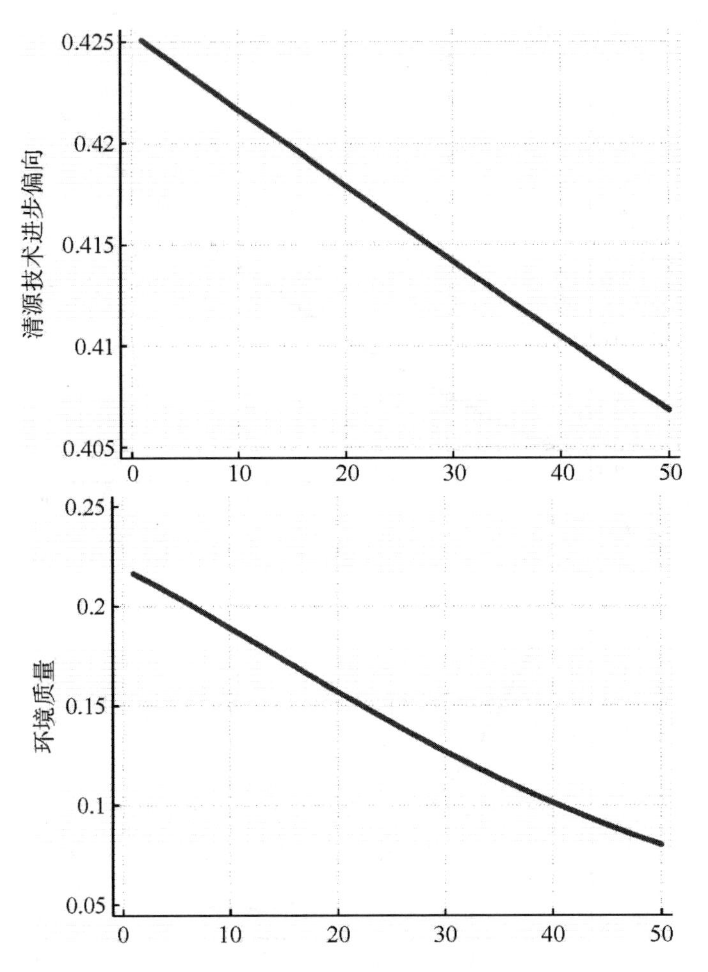

图 4-4　不改变环境政策时能源技术偏向和环境质量的变化趋势（$g_c < g_d$）

上述情况表明，现阶段清洁能源部门的技术发展并未得到强有力的支持，从而导致能源技术进步的清洁偏向表现不足。同时，由于前期经济粗放式增长造成的资源消耗和污染积累过重，若不对现有的环境政策进行调整，环境质量要么持续恶化，要么则需要相当长的时间才能得以扭转，环境政策的调整及介入势在必行。

模拟情景 2：假定政府施行单一的环境政策，即仅执行“市场激励型”环境政策，此时清洁能源技术的发展得到加强。考虑替代弹性 $\varepsilon = 3$ 时，在不同政策强度下（$s = 10\%$、$s = 20\%$、$s = 30\%$）能源技术进偏向发生变化，对环境质量造成的持续影响①。如图 4-5，图 4-6 所示。

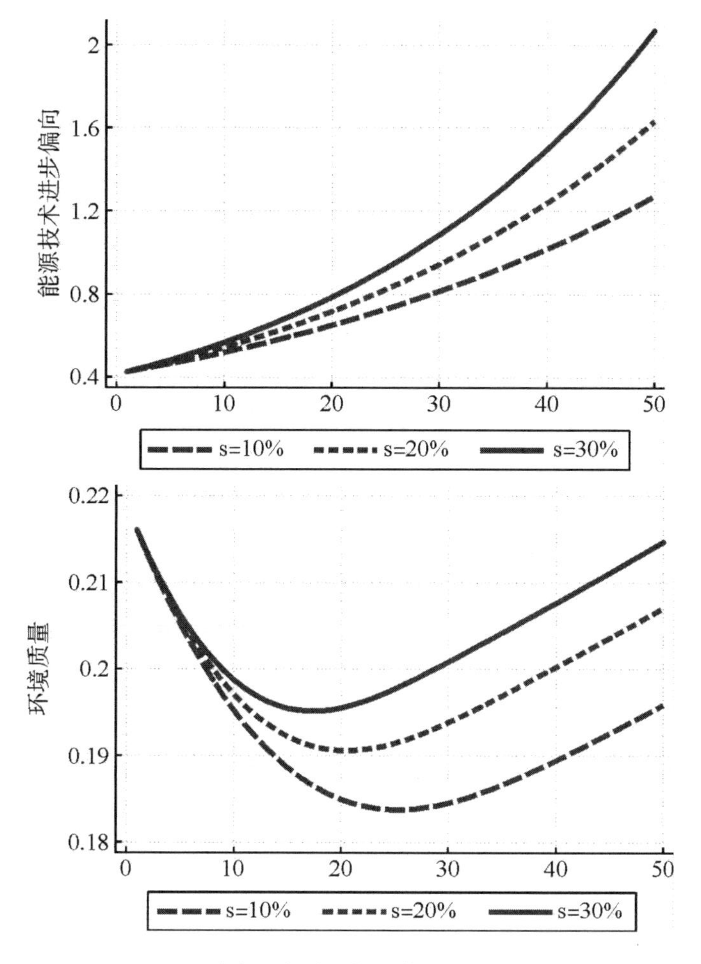

图 4-5 “市场激励型”政策影响下能源技术进步偏向和环境质量的变化（$g_c > g_d$）

① 由于市场激励型环境规制被设定为毛利率形式，10%、20%、30%的规制强度，相当于理论模型中 s 取值 1.1、1.2、1.3。

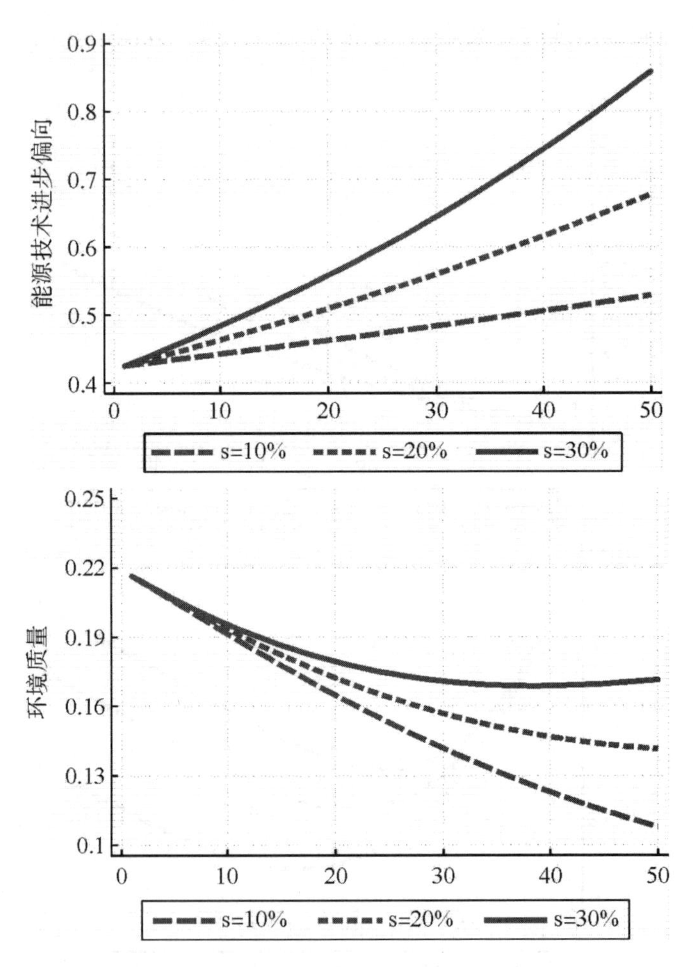

图 4-6 不同“市场激励型”政策强度下能源技术进步偏向和环境质量的变化（$g_c < g_d$）

图 4-5 的模拟结果表明，如果清洁能源技术的发展速度占优（$g_c > g_d$）：其一，相较于基准情景在“市场激励型”政策强度为 10%、20%以及 30%的条件下，模拟 31 期后的能源技术偏向分别为 0. 832 1、0. 968 7 和 1. 120 0，此时的能源技术进步偏向分别高出基准情景 14. 78%、26. 80%和 36. 69%，表明“市场激励型”环境政策显著地促进了清洁能源技术的发展，并大幅提高了能源技术进步的清洁偏向，这与理论预期基本相符，即能源技术进步偏向会受到环境政策的影响。同时，当政策强度从 0 提高 10%，能源技术偏向提高了 14. 78%；从 10%提高到 20%时，该指标提高了 12. 02%；政策强度从 20% 提高到 30% 后环境质量提高的比率仅为

9.89%，所以“市场激励型”环境政策对清洁能源技术的激励作用呈递减趋势。其二，环境质量的变化依旧表现出 U 型曲线特征，但是相较于基准情景，在“市场激励型”环境政策的强度分别提高 10%、20%、30%条件下，U 型曲线的“拐点”提前到来，分别发生在第 25 期、第 21 期、第 17 期，而模拟期末（$t=50$）的环境质量则分别回升至 0.195 9、0.207 1 和 0.214 7，优于基准情景下模拟期末的环境质量 0.188 7。这意味着“市场激励型”环境政策能够减少污染排放，并加快环境质量的恢复速度。图 4-6 显示了传统能源技术发展速度占优的情况（$g_c < g_d$），同样在“市场激励型”环境政策强度提升 10%、20%以及 30%的条件下，能源技术进步同样表现出清洁偏向，但是初始条件下传统能源技术发展占优，从而导致偏向强度不足，只有在“市场激励型”政策强度提升 30%时，环境质量才出现改善。一旦传统能源技术的发展速度超过清洁能源技术，政府改善环境的代价远高于清洁能源技术领先时的情况。

不难发现，“市场激励型”环境政策的确提高了清洁能源部门的技术进步率，并以此加速了能源技术进步的清洁偏向，这是“市场激励型”环境政策影响能源技术进步偏向的政策驱动效应。进一步而言，“市场激励型”环境政策通过提高能源技术的清洁偏向起到了优化环境质量的作用，这一点在图 4-5 和图 4-6 中体现为“市场激励型”环境政策的强度提升越高，能源技术进步的清洁偏向越强，环境质量发生转变的速度越快，模拟期末的环境质量越好，从而验证了“市场激励型”环境政策对环境质量的作用机制是通过转变能源技术进步偏向来实现的。

模拟情景 3：假定政府施行单一的环境政策，即仅执行“命令控制型”环境政策，此时传统能源技术的发展遭到显著抑制。考虑替代弹性 $\varepsilon = 3$ 时，不同政策强度 $\tau = 10\%$、$\tau = 20\%$、$\tau = 30\%$ 条件下能源技术进偏向发生变化对环境质量造成的持续影响。

图 4-7 的模拟结果显示：其一，在“命令控制型”环境政策强度提升 10%、20%、30%的条件下，能源技术进步偏向逐渐提高，相较于模拟 31 期后基准情景下的能源技术偏向 0.709 1，此时的能源技术进步偏向分别为 0.942 0、1.254 7、1.675 8，高出基准情景 24.72%、43.48%和 57.69%，这表明“命令控制型”环境政策大幅增强了能源技术的清洁偏向，这与理论预期基本相符。其二，与基准情景相比，在“命令控制型”政策强度为 10%、20%、30%的条件下，环境质量 U 型曲线的“拐点”分别发生在第 19 年、第 10 年、第 4 年，环境质量得以改善的时间大幅提前，这显示出

“命令控制型”环境政策强度的提高可以使环境质量得到改善的时间大幅度提前。此外，模拟期末（$t=50$）的能源技术进步偏向与图 4-5 相比分别超出 18.33%、34.46%和 48.22 %。图 4-8 的模拟结果表明，即便初始时刻清洁能源技术的发展较慢（$g_c < g_d$），政府依然可以通过“命令控制型”环境政策促使能源技术进步表现出清洁偏向，并以此优化环境质量。因此，无论清洁能源技术的发展是否占优，“命令控制型”环境政策都能够增强能源技术进步偏向，而且同等强度的“命令控制型”环境政策对能源技术进步偏向的驱动作用比“市场激励型”环境政策更为突出，能够使环境质量得到改善的时间提前。

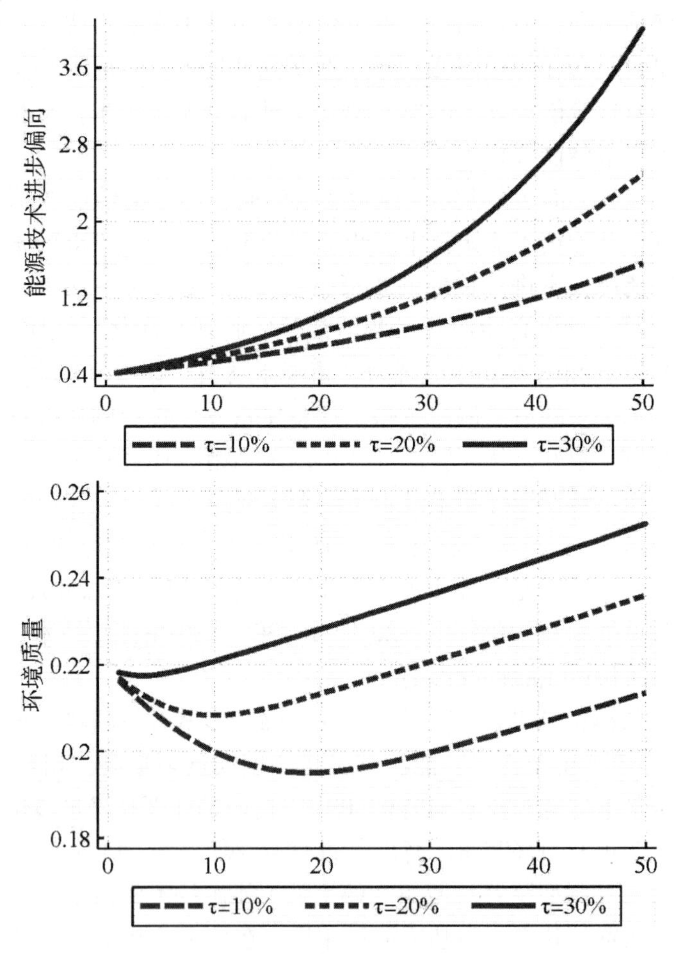

图 4-7 “命令控制型”政策影响下能源技术进步偏向和环境质量的变化（$g_c > g_d$）

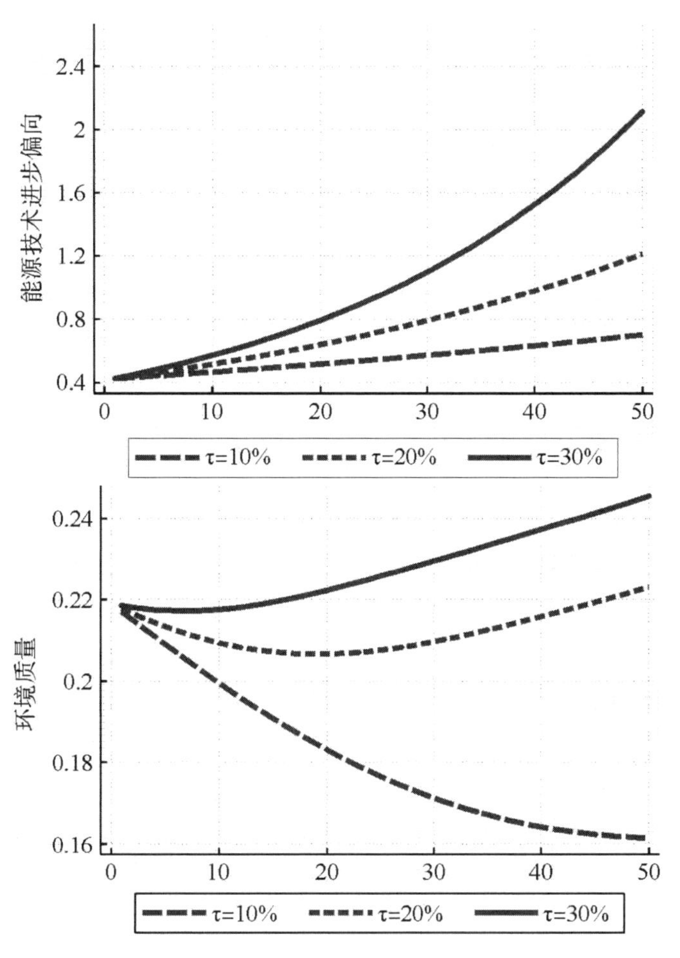

图 4-8　不同“命令控制型”政策强度下能源技术进步偏向和环境质量的变化（$g_c < g_d$）

因此，“命令控制型”环境政策可以通过降低传统能源部门的技术进步率以此强化能源技术进步的清洁偏向。进一步而言，能源技术进步的清洁能源偏向能够使环境质量得到持续改善，这显示了“命令控制型”环境政策对环境质量的作用。同时，“命令控制型”环境政策对能源技术进步偏向的影响大于“市场激励型”环境政策的作用，这证实了不同环境政策对能源技术偏向的作用强度表现出异质性的理论预期。

总的来说，情景 1 至情景 3 的数值模拟结果显示，无论何种能源技术的发展占优，只要清洁能源产品能够有效替代传统能源产品，便能够发现如下特征化事实：①政府能够通过适当的环境政策（命令控制型、市场激励型）使能源技术表现出清洁偏向，并以此减少传统能源部门生产活动对环境造成的污染；②能源技术的清洁偏向对环境质量的改善作用并非立竿见影，而是表现出先降后升的U型曲线特征；③不同环境政策（命令控制型、市场激励型）对能源技术偏向的作用强度表现出异质性，“命令控制型”政策对能源技术偏向的影响大于“市场激励型”政策；④不同环境政策（命令控制型、市场激励型）对环境质量的改善作用均表现出递减的趋势。上述模拟结果与命题1和命题2的结论基本一致。上述结果从数值模拟的角度部分证实了理论分析的有效性。

此外，环境政策不仅直接通过抑制传统能源技术的发展来减少该部门的产出，而且还可以通过提升清洁能源部门的技术进步率来提高清洁部门的产出，从而在保证总产出持续增长的条件下，实现清洁能源产品对传统能源产品的替换，并最终实现优化环境质量的目的。那么，若要实现清洁能源产品对传统能源产品的全面替代，即要求清洁能源产出比传统能源产出增加得更多。为了实现这一目标，本书以未调整环境政策的“情景1”为基准，查考能否利用组合式的环境政策持续推动清洁能源部门产出 Y_{ct} 增加，这也是探讨能源技术进步偏向能否缓解环境污染问题的关键所在。

模拟情景4：假定政府采用组合式的环境政策，即可以同时执行“市场激励型”和“命令控制型”环境政策，考虑替代弹性 $\varepsilon = 3$ 时，不同政策强度下清洁能源部门相对产出、能源技术进步偏向和环境质量的变化趋势。

图4-9（a）的模拟结果显示，优先施行“市场激励型”环境政策时（即 $s = 10\%$，$\tau = 0$），虽然清洁部门的相对产出持续增加，但其增长速度较慢，相对产出规模只扩大到未进行环境规制条件下的1.7倍左右，明显低于施行政策组合时清洁能源部门的相对产出增长速度。图4-9（b）的模拟结果显示，如果优先施行“命令控制型”环境政策（即 $s = 0$，$\tau = 10\%$），清洁能源部门的相对产出不仅难以扩大，而且呈倒U型下降趋势。其他政策组合的模拟结果也反映了这一特征，即如果“市场激励型”政策强度未超过“命令控制型”政策强度，则清洁能源部门的相对产出就难以持续扩大。产生这一现象主要原因是“市场激励型”政策主要提高了清洁能源部门的技术进步率，从而使清洁部门的产出持续上涨，相反“命令控制型”政策则会通过抑制传统能源部门的技术发展来减少其产出增长。因此，单一的“命令控制型”政策难以使清洁能源部门的技术进步加快。上述事实凸显了施行组合式环境政策的必要性，并且在执行组合政策时需要尽可能满足“市场激励型”政策强度高于“命令控制型”政策强度的条

件，清洁能源部门的相对产出规模才能够实现持续增长，并以此弥补传统部门产出下降带来的总产出损失。

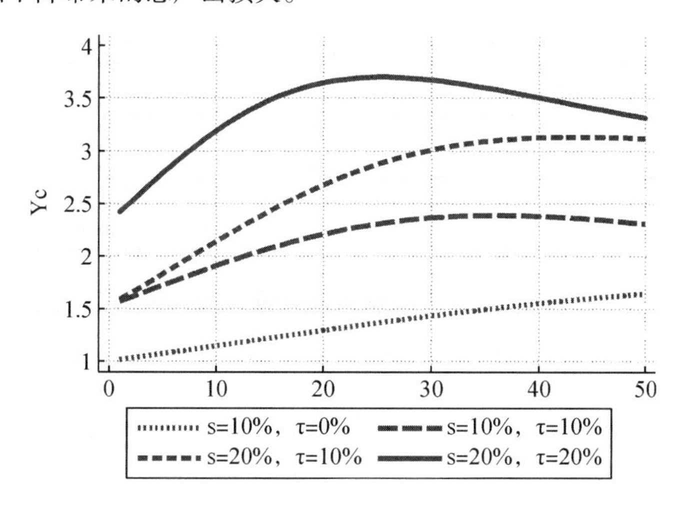

图 4-9（a） 组合式环境政策影响下清洁能源部门相对产出的变化（优先市场激励）

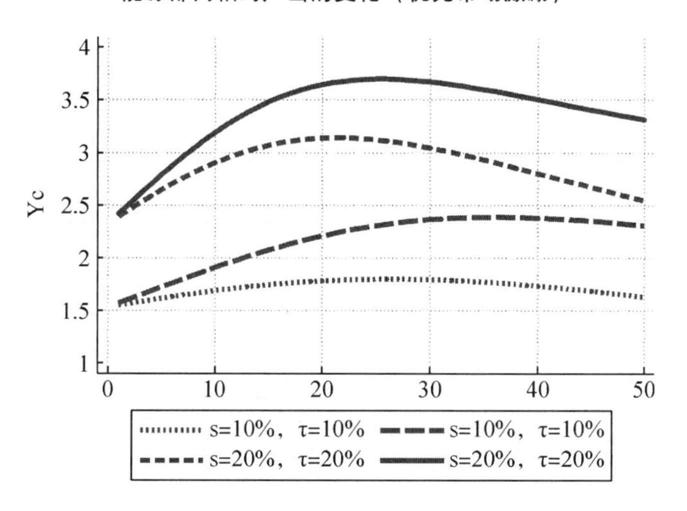

图 4-9（b） 组合式环境政策影响下清洁能源部门相对产出的变化（优先命令控制）

图 4-9（a）和图 4-9（b）的模拟结果显示，只有满足“市场激励型”环境政策的提升强度高于“命令控制型”环境政策，清洁能源部门的产出才能增长得更快，否则清洁能源技术发展带来的产出提高无法弥补传统能源技术相对减缓造成的产出下降。

因此，在图 4-10 的模拟中，本书优先使用“市场激励型”环境政策。图 4-10 显示了“市场激励型”环境政策与“命令控制型”环境政策双重作用下能源技术偏向和环境质量的变化过程。举例来说，在提升 20%强度的“市场激励型”环境政策和 10%强度的“命令控制型”环境政策时（即 $s = 20\%$，$\tau = 10\%$），对比基准情景（即 $s = 0$，$\tau = 0$），能源技术进步偏向从模拟期末的 0.980 6 上涨到 2.693 0，上涨幅度超过 170%，明显高于采用单一环境政策时能源技术进步清洁偏向的上涨幅度。同时，环境质量从模拟期初的 0.216 5 回升至期末的 0.233 6，环境质量优于未调整环境政策的基准情境。因此，组合式的环境政策可以使能源技术进步的清洁偏向增加得更快，并且使环境质量 U 型拐点的到来时间提前，这一结论验证了命题 3 的有效性。

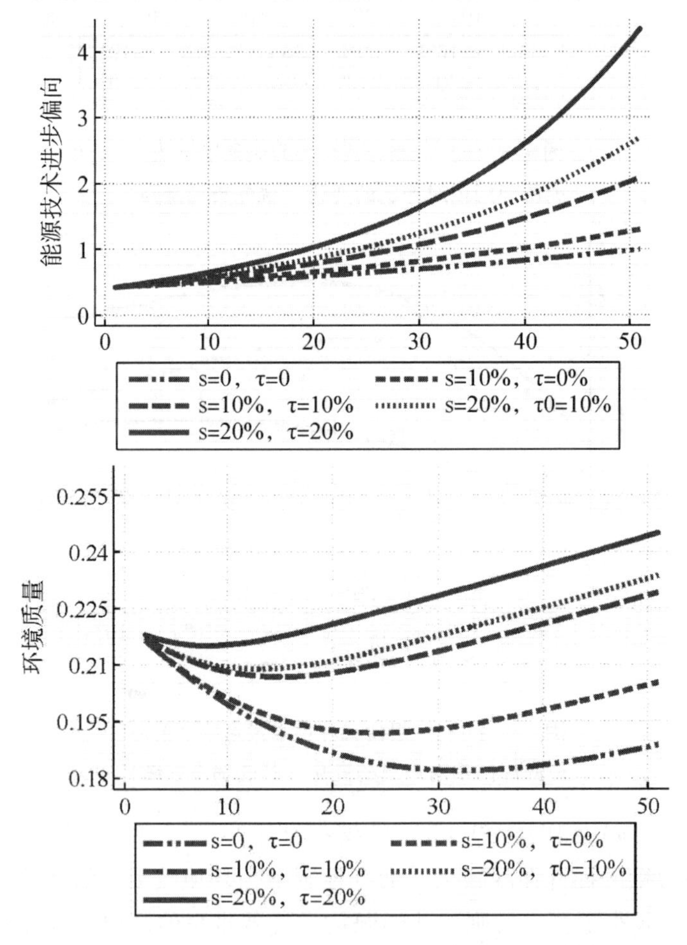

图 4-10　组合式环境政策影响下能源技术进步偏向和环境质量的变化

第三节　本章小结

本章采用数值模拟的方式对第三章模型理论分析中得到的命题进行了仿真验证。这里的数值模拟实验采用情景假设的方式进行，数值模拟基期数据采用 2017 年实际经济数据，数值模拟中的政策驱动效应包含两种类型的环境政策（命令控制型、市场激励型）。同时，两种类型的能源技术采用 1990—2017 年各自的专利申请数折算成存量表示，相关专利的 IPC 分类号在表 4-1 和表 4-2 中有所展示。最后，环境质量用二氧化碳排放强度来衡量，一般而言二氧化碳排放越多，环境质量相对越差。

具体而言：模拟情景 1 显示，如果不调现有的环境政策，仅依靠市场本身的作用，清洁能源技术的发展速度将十分缓慢，从而会导致能源技术进步的清洁偏向表现不足。进一步来说，能源技术进步偏向的转变是环境质量得以改善的先决条件。因此，若要快速提高环境质量，通过适当的环境政策引导能源技术进步在多数时期表现出清洁偏向，势在必行。

模拟情景 2 和模拟情景 3 显示，单一的环境政策能够改变能源技术进步的偏向，“市场激励型”环境政策通过提高清洁技术进步率来改变技术偏向，而“命令控制型”环境政策则是通过抑制传统技术的发展来改变技术偏向，这体现了不同环境政策对能源技术进步偏向作用机制的差异。同时，不同环境政策影响能源技术偏向的作用强度还表现出异质性，“命令控制型”环境政策对能源技术进步偏向的影响大于“市场激励型”环境政策。

模拟情景 4 显示，虽然环境政策能够使能源技术进步表现出清洁偏向，但能源技术的清洁偏向对环境质量的改善作用并非立竿见影，而是表现出先降后升的 U 型曲线特征。同时，若要实现清洁能源产品对传统能源产品的全面替代，完成能源结构的转型升级，需要满足“市场激励型”环境政策的强度高于“命令控制型”环境政策，这样清洁能源部门的产出才能增长得更快，否则“市场激励型”环境政策带来的清洁部门产出提高无法弥补“命令控制型”政策造成的传统部门产出下降，最终会导致总产出降低。

第五章　能源技术进步偏向的环境影响

第一节　引言

仅依靠第四章的数值模拟实验，参数取值的差异可能导致政策变量、能源技术进步偏向变量及环境变量发生变化，从而主观地判断环境政策对能源技术进步偏向的驱动作用，以及能源技术进步偏向对环境质量造成的影响。为减少参数取值等非客观因素带来的分析误差，需要我们进一步采用基于计量经济学的实证分析方法，对理论推导和数值模拟的部分结果进行检验。在这一章中，我们将对能源技术进步的清洁偏向能否改善环境质量进行实证分析，即检验能源技术进步偏向的环境影响。需要说明的是，本书首先探讨环境效应的原因在于，只有在能源技术进步偏向能够发挥积极环境效应的条件下，通过环境规制政策转变能源技术进步偏向才具有较强的现实意义。

众所周知，能源要素的滥用是造成污染排放增加的重要原因之一（林伯强 等，2010），而污染排放的累积势必产生诸多环境问题，如何实现节能减排早已成为全球各国共同关注的重要话题。中国政府始终意在通过发展清洁能源达成节能减排、保护环境的目的，进而实现从根本上解决现阶段经济发展与能源环境之间的冲突。1997 年颁布的《中华人民共和国能源法》和 2006 年施行的《中华人民共和国可再生能源法》就是其典型代表，上述法案将水电、核能、风能、生物质能、太阳能、地热能和海洋能等明确划分为低污染的清洁能源，着重鼓励对这些清洁能源的开发及利用。显然，清洁能源是一种低污染、低排放的绿色能源，大力发展清洁能源技术能够使能源技术进步表现出清洁偏向，这不仅是减少环境污染，保障能源安全，实现节能减排的重要举措，同时对能源产业转型升级，促进绿色增长具有显著的激励作用。

但是中国地域辽阔，各地区在经济发展、人口数量、资源禀赋和技术水平等方面差异巨大，这使得各地区的环境质量大不相同，其能源技术的发展方向也存在明显地区差别。一般而言，东部地区经济更为发达，研发投入相对更高，其能源技术水平应当更为领先，而中西部地区则恰恰相反。有数据显示，2018 年全国研发投入总量占当年 GDP 的 2.2%左右，而北京、上海、天津、江苏、广东、浙江、山东和陕西 8 地的研发投入总量超过平均水平，上述前 7 个地区都属于中国东部发达地区，这从一定程度上佐证了东部地区技术水平更高的猜测。同时，有研究表明 1997—2016 年，中国东中西部地区各个省份的年均二氧化碳排放量分别约为 3.48 亿吨、2.68 亿吨和 1.83 亿吨，就此来看西部地区的环境质量应该优于中东部地区[①]。总的来说，不同地区的空间差异显著，探讨不同地区能源技术进步偏向对环境质量的影响必须考虑它们潜在的空间效应，这对协调区域经济发展和环境污染治理有重要的现实意义。

上述事实给予我们重要启示：环境质量和技术进步可能存在典型的空间效应（邵帅 等，2016）。而能源技术进步偏向反映了清洁能源技术进步与传统能源技术进步的相对强弱关系，是能源技术进步的一种表达形式，所以能源技术进步偏向也可能存在空间效应，即本地的能源技术进步偏向不仅会对本地环境质量造成影响，而且还会影响邻地的环境质量。同时，污染排放是经济活动的一种副产物，污染排放的增加势必造成环境质量的下降，并且不同污染物的物理特性不同，气体污染物的流动性最强，其潜在的空间效应也可能最突出，所以污染排放物的空间效应蕴含经济和地理两种特性。因此，本地的污染排放物不仅会污染本地环境，而且可能对邻地的环境质量造成间接影响。总的来说，忽视环境质量和能源技术偏向潜在的空间效应，势必无法准确探讨变量之间的因果关系，也无法准确检验能源技术进步偏向存在怎样的环境效应。

为了解决这一问题，本章主要采用考察经济活动空间效应的空间计量模型进行实证分析。首先检验能源技术进步偏向对环境质量究竟会产生怎样的作用，其次对其空间效应进一步进行分解及测算。本章的主要贡献在于：①基于 STIRPAT 模型和环境库兹涅兹（EKC）假说构建了空间面板计

① 一个既定事实是：污染排放越多，环境质量相对越差。

量模型，并且将技术进步水平分解为“能源技术偏向”和“能源效率改进”，同时探讨究竟是能源技术进步的偏向还是能源技术进步的大小能够起到改善环境的作用。②不仅采用三种与能源使用紧密相关的污染排放物来衡量环境质量，以此表征“大气、水体和土壤”受到的污染，而且还考虑了这些污染排放物的物理和经济特性，采用经济地理复合嵌套矩阵对环境质量潜在的空间关联性进行了较为全面的分析。③采用调节效应的方式，考察了环境规制能否通过影响能源技术进步偏向和能源效率来提高环境质量。

综上所述，本章旨在通过上述探索性研究工作，总结并研判中国的能源技术进步偏向能否实现优化环境的目的以及不同污染物之间潜在的空间效应，以此验证能源技术进步偏向存在怎样的环境效应。同时，探寻环境污染频发的经济根源，识别其余影响环境质量的关键因素，从而为协调中国环境保护和能源技术的发展方向提供有力的实证依据。

第二节　实证模型设定

一、计量模型的设定

借鉴徐斌等（2019）和邵帅等（2016）的研究思路，本书尝试将STIRPAT模型拓展到空间面板形式，旨在深入分析能源技术进步偏向对环境质量会产生怎样的影响，即检验能源技术进步偏向的环境效应。

STIRPAT模型是一种可拓展的环境效应评估模型，而且也是考察环境污染影响因素的经典方法，模型对数化后能够尽可能地消除异方差对估计结果造成的影响，基本形式如等式（5-1）所示：

$$I_t = aP_t^{\beta_1}A_t^{\beta_2}T_t^{\beta_3}\varepsilon_t \tag{5-1}$$

其中，① I 表示环境污染物在 t 时刻的排放大小，一般而言，污染排放越多，环境质量相对越差。基于这一逻辑，本书采用三种与能源使用密切相关的污染排放物作为环境质量的代理变量，以此表征“大气、水体和土壤”受到的污染，并且用以考察能源技术偏向的减排作用。这三种污染物分别为工业二氧化硫排放（SO_2）、工业废水排放（waste water）以及工业固体废物排放（solid waste）；② P（population）表示 t 时刻的人口规模；③ A（affluence）表示 t 时刻的经济发展情况或人民富裕程度，一般用各地区人均生产总值（pGDP）来衡量；④ T（Technology）表示 t 时刻的技术进步水平；而 ε 可以理解为残差项。STIRPAT 模型的优点在于不仅可以对模型的估计形式进行适度拓展，而且允许对影响污染排放的因素进行优化和改进。

基于 STIRPAT 模型的可扩展特性，本书首先在等式（5-1）的基础上取对数，并将其扩展到一般的面板数据形式，得到如下计量模型：

$$\ln I_{it} = \alpha + \beta_1 \ln POP_{it} + \beta_2 \ln pGDP_{it} + \beta_3 \ln T_{it} + \gamma_i + \mu_t + \varepsilon_{it} \quad (5-2)$$

其次，本书对等式（5-2）进行再次拓展，与大多数采用单一指标衡量技术进步的方法不同，本书将技术进步水平（T）分解为："能源效率改进（EE）"和"能源技术偏向（DETC）"，从而有别于其他研究中仅使用能源效率或能源强度表示技术进步的方法（徐斌 等，2019）。这一做法使得本书能够同时考察能源技术进步的大小及其偏向对环境质量的影响，以便探究通过能源技术进步来改善环境质量的先决条件究竟是能源技术进步的大小还是其偏向。此外，有研究认为能源消费、环境规制、产业结构和外商直接投资等也是影响环境质量的重要原因（许和连和邓玉萍，2012；林伯强和李江龙，2015；邵帅 等，2016），本书将其作为控制变量引入模型，以此尽可能减少遗漏变量问题带来的估计偏误，从而得到如下计量模型：

$$\begin{aligned} \ln I_{it} = {} & \alpha + \beta_1 \ln POP_{it} + \beta_2 \ln pGDP_{it} \\ & + \beta_3 \ln EE_{it} + \beta_4 \ln DETC_{it} + \sum Control_{it} + \gamma_i + \mu_t + \varepsilon_{it} \end{aligned} \quad (5-3)$$

等式（5-3）中，DETC 表示能源技术偏向，显示能源技术在"清洁"和"传统"技术之间的发展倾向；EE 表示能源效率改进，显示了整体能源技术水平提升带来的能源效率改进，即能源技术进步的大小。本书控制了影响环境质量的其他变量 Control，包括：能源消费（EC）；环境规制（ER）；产业结构（IS）；外商直接投资（FDI），这是为了进一步减少遗漏变量问题造成的内生性。

同时，经典的环境库兹涅兹曲线（EKC）假说显示经济发展和环境质量之间存在 U 型或倒 U 型关系，某些情况下甚至存在 N 型或倒 N 型关系（Grossman & Krueger，1995；Shao et al.，2011；蔡昉 等，2008）。忽视这种潜在的非线性关系可能会对变量之间的因果关系造成影响，为了解决这一问题，本书引入经济发展的二次项和三次项，以便考察环境质量和经济发展之间的非线性特征，从而得到如下计量模型：

$$
\begin{aligned}
\ln I_{it} = & \alpha + \beta_1 \ln POP_{it} \\
& + \beta_2 \ln pGDP_{it} + \beta_3 (\ln pGDP_{it})^2 + \beta_4 (\ln pGDP_{it})^3 \\
& + \beta_5 \ln EE_{it} + \beta_6 \ln DETC_{it} + \sum Control_{it} + \gamma_i + \mu_t + \varepsilon_{it}
\end{aligned} \tag{5-4}
$$

随后，本书进一步将等式（5-4）扩展到空间面板形式。空间面板模型的扩展，需要结合变量潜在的空间特征事实进行分析，从而找到最合适的空间面板模型形式。

第一个必须注意的事实是，大多数污染物都存在空间上的扩散和转移特征，所以环境质量的空间效应显而易见。因此，本书将“本地”污染物的来源分解为三个部分：①“本地”直接的污染排放；②“邻地”污染排放对“本地”带来的溢出效应；③“本地”污染排放对“邻地”造成的泄漏效应。显然，两地间“溢出效应”和“泄漏效应”之差反映了各地区污染排放物之间的空间相关性，可以视为当期环境质量的空间滞后效应，即 $\rho W \ln I_{it}$ ，其中 W 表示空间权重矩阵。此外，本地的环境质量还受到等式（5-4）中等号右侧相关因素的影响，即 $\beta_1 \ln POP_{it}$ 、$\beta_2 \ln pGDP_{it}$ 、$\beta_3 (\ln pGDP_{it})^2$ 、$\beta_4 (\ln pGDP_{it})^3$ 、$\beta_5 \ln EE_{it}$ 、$\beta_6 \ln DETC_{it}$ 以及 $\beta_7 Control_{it}$ 。考虑上述事实以后，扩展后的空间面板模型属于包含被解释变量空间滞后项的空间自回归模型（SAR）。

第二个必须注意的事实是，除污染排放物之外，其他解释变量也可能存在一定程度的空间效应。例如，本地的能源技术进步偏向不仅会影响本地的环境质量，而且可能会对邻地的环境质量造成影响（董直庆和王辉，2019）。因此，一个地区的被解释变量不仅受本地解释变量的影响，而且还会受到相邻地区解释变量的影响。因此，解释变量潜在的空间滞后效应也是必须考虑的重要影响因素，这是由于这些变量潜在的空间效应和溢出效应所致（Elhorst，2012）。上述事实表明，扩展后的空间面板模型可能属于同时包含被解释变量空间滞后项和解释变量空间滞后项的空间杜宾模型（SDM）。因此，计量模型的具体形式为

$$
\begin{aligned}
\ln I_{it} &= \alpha + \rho W \ln I_{it} \\
&+ \beta_1 \ln \mathrm{POP}_{it} + \beta_2 \ln \mathrm{pGDP}_{it} + \beta_3 (\ln \mathrm{pGDP}_{it})^2 + \beta_4 (\ln \mathrm{pGDP}_{it})^3 \\
&+ \beta_5 \ln \mathrm{EE}_{it} + \beta_6 \ln \mathrm{DETC}_{it} + \sum \mathrm{Control}_{it} \\
&+ \theta_1 W \ln \mathrm{POP}_{it} + \theta_2 W \ln \mathrm{pGDP}_{it} + \theta_3 W (\ln \mathrm{pGDP}_{it})^2 + \theta_4 W (\ln \mathrm{pGDP}_{it})^3 \\
&+ \theta_5 W \ln \mathrm{EE}_{it} + \theta_6 W \ln \mathrm{DETC}_{it} + \sum W \mathrm{Control}_{it} + \varepsilon_{it}
\end{aligned}
\tag{5-5}
$$

最后，不少研究发现，环境规制可能会通过影响技术进步对环境质量造成影响（张成 等，2011；王班班和齐绍洲，2016；王林辉 等，2020），这是环境规制影响环境质量的作用机制所在。而能源技术进步偏向不仅代表了清洁能源技术与传统能源技术的相对强弱关系，而且还反映了清洁能源技术在全部能源技术中的发展倾向，所以环境规制是否能够通过改变能源技术进步偏向来影响环境质量也是亟待验证的问题。为了回答这一问题，本书以调节效应的方式构建了两组相互作用的变量，以考察环境规制对环境质量的间接作用是否会通过能源技术进步偏向起效。具体而言，本书在模型中进一步纳入能源技术进步偏向和环境规制的交互项（lnDETC×lnER），以及能源效率和环境规制的交互项（lnEE×lnER）。

之所以采用变量交互项和调节效应主要是因为当两个变量之间的相互作用可能取决于第三个变量时，就会出现调节效应（王建明和王俊豪，2011）。所以，计量模型设置如下：

$$
\begin{aligned}
\ln I_{it} &= \alpha + \rho W \ln I_{it} + \sum_{j=1}^{7} \beta_j X_{it} + \sum_{k=1}^{7} \theta_j W X_{it} \\
&+ \beta_8 (\ln \mathrm{DETC} \times \ln \mathrm{ER}) + \beta_9 (\ln \mathrm{EE} \times \ln \mathrm{ER}) \\
&+ \theta_8 W (\ln \mathrm{DETC} \times \ln \mathrm{ER}) + \theta_9 W (\ln \mathrm{EE} \times \ln \mathrm{ER}) + \varepsilon_{it}
\end{aligned}
\tag{5-6}
$$

等式（5－6）中，X 表示变量 $\ln \mathrm{POP}_{it}$、$\ln \mathrm{pGDP}_{it}$、$(\ln \mathrm{pGDP}_{it})^2$、$(\ln \mathrm{pGDP}_{it})^3$、$\ln \mathrm{EE}_{it}$、$\ln \mathrm{DETC}_{it}$ 以及 $\mathrm{Control}_{it}$ 的集和。此外，空间权重矩阵（W）和变量的选取及测算将在后续进行说明。

二、空间权重矩阵的选取

无论是哪种空间计量模型，都需要对“空间权重矩阵”的形式进行考虑。在本章节的空间计量模型中，需要同时考虑地理及经济的影响，构建既包含地理信息又包含经济信息的空间权重矩阵，以此全面考察能源技术进步偏向与污染排放（环境质量）之间的空间关联特征。

这样做的主要原因是：①类似二氧化碳、二氧化硫这样的污染排放物，因其物理性质，存在极强的流动性，所以必定存在地理空间上的关联特征（林伯强 等，2010），在进行计量分析时需要考虑其空间效应。②污染排放大多源于有目的的经济社会活动，是一种经济发展的副产物，忽视污染排放物在经济空间上的关联特征，势必会对计量分析造成干扰（张征宇和朱平芳，2010）。因此，仅仅考虑地理或经济单一类型的"空间权重矩阵"都会带来一定的局限性，导致无法准确反映变量的空间效应。为了解决这一问题，本书借鉴张征宇和朱平芳（2010）的研究思路，结合"地理距离矩阵 W^{GEO}"与"经济距离矩阵 W^{GDP}"，构建同时包含地理信息和经济信息的"经济地理复合嵌套矩阵 W^{BOTH}"，以此表征各地区变量之间潜在的空间效应，并且利用 Moran's I 指数对这种潜在的空间相关性进行检验。

为了构建这种空间权重矩阵，本章将地理距离矩阵和经济距离矩阵进行嵌套，两种矩阵各自的基础形式如下：

$$W^{GEO},\ W^{GDP}=\begin{Bmatrix}\omega_{11} & \omega_{12} & \cdots & \omega_{1j}\\ \omega_{21} & \omega_{22} & \cdots & \omega_{2j}\\ \cdots & \cdots & \cdots & \cdots\\ \omega_{i1} & \omega_{i2} & \cdots & \omega_{ij}\end{Bmatrix} \tag{5-7}$$

首先，"地理距离矩阵 W^{GEO}"是根据两地中心位置"经纬度"之间的球面空间距离生成的位置矩阵。假设地理距离矩阵 W^{GEO} 中的主对角线元素 ω_{ij}，$i=j$，全部为0，即本地和本地的距离为0，而第 i 行 j 列元素为 ω_{ij}，$i\neq j$，且 ω_{ij} 满足：$\omega_{ij}=1/d_{ij}^2$，其中 d_{ij} 表示 i 地和 j 地间地理中心位置"经纬度"之间的球面空间距离，一般以公里计，d_{ij} 的计算公式如下：

$$d_{ij}=R\times\arccos(\sin(\mathrm{lon}_i)\times\sin(\mathrm{lon}_j)+\cos(\mathrm{lon}_i)\times\cos(\mathrm{lon}_j)\times\cos(\mathrm{lan}_i-\mathrm{lan}_j))$$

R 表示地球半径，lon 表示经度，lan 表示纬度。

其次，"经济距离矩阵 W^{GDP}"以各地区人均 GDP 之差的绝对值的倒数的平方项来表示。假设经济距离矩阵 W^{GDP} 中的主对角线元素 ω_{ij}，$i=j$，全部为0，即本地和本地的经济差距为0，而第 i 行 j 列元素为 ω_{ij}，$i\neq j$，同时 ω_{ij} 满足：$\omega_{ij}=1/(\mathrm{pGDP}_i-\mathrm{pGDP}_j)^2$。

最后，"经济地理复合嵌套矩阵 W^{BOTH}"采用"地理距离矩阵 W^{GEO}"和"经济距离矩阵 W^{GDP}"各自所占的权重大小来表示，这一矩阵的构建公

式为

$$W^{BOTH} = \varphi W^{GEO} + (1 - \varphi) W^{GDP} \quad (5-8)$$

等式（5-8）中，假设 φ 表示两个矩阵各自所占权重大小，满足 $\varphi \in (0, 1)$，为了简化分析，取 $\varphi = 0.5$，表明地理因素和经济因素对环境质量的空间效应存在同等重要的影响（张征宇和朱平芳，2010）。

三、变量的选取及测算

本章节使用中国30个省份的面板数据进行研究，时间跨度为2000—2015年，总计480个样本对象构成平衡面板数据。由于能源消费和环境污染方面的数据缺失，未将西藏及港澳台地区包含在研究对象中。之所以选择2000—2015年作为研究时间段主要出于以下一些考虑：①专利数据专利从申请到公开一般需要经历1—3年的时间（Yang et al.，2019；王班班和齐绍洲，2016），如不考虑专利公开的延迟可能会导致严重的数据缺失问题，因此本书专利数据的截止日期为2016年（本书所涉及的专利获取自2019年）；② 2000年之前大多数省份的环境污染治理和能源消耗数据都难以获得或者数据质量较低；③ 1999年以后如宁夏、青海、新疆等西部省份才逐渐开始统计外商直接投资数据；④ 2011年工业固体废物的统计口径发生变化，2016年工业二氧化硫、工业废水的统计口径也发生变化，因此相关数据截止到2015年。

（一）被解释变量

本章采用工业二氧化硫（Industrial Sulfur Dioxide，SO_2）、工业废水（Industrial Waste Water，WW）以及工业固体废物（Industrial Solid Waste，SW）三种污染物来衡量环境质量。一般而言，上述污染排放越多，环境质量相对越差。在现有文献中，学者们已经使用了各种指标来评估环境污染，并以此反映中国地区的环境质量（孙传旺 等，2019；徐斌 等，2019；陈诗一和陈登科，2018）。但是根据世界银行的测算，中国的污染排放始终居高不下，并且其排放总量仍然呈上升趋势[①]，因此污染治理势在必行。长期以来，中国污染治理的主要对象是“大气、水体和土壤”，基于这一原因本书选取了三种形式污染排放物（SO_2、WW、SW）的人均指标来揭

① Cost of pollution in China：economic estimates of physical damages. http://www.worldbank.org/eapenvironment.

示“大气、水体和土壤”受到的污染情况，分别将其作为被解释变量。在实证分析过程中，上述指标采用人均形式进行计算，这样做是为了消除人口规模带来的影响。

这一章中，与使用单一污染排放指标（例如：二氧化碳、PM2.5 等）来衡量环境质量的研究相比，采用多个污染物指标来反映环境质量能够更为全面地显示出大气、水体和土壤等环境所受到的污染情况。同时，与采用复合型环境质量指标进行的研究相比（董直庆 等，2014），基于多个环境质量指标开展分析又能够分别考察能源技术进步偏向对不同类型污染排放物的差异化影响。其中，工业固体废物排放数据由于环境统计年鉴 2011 年统计口径发生变化，导致样本值缺失，因此本书采用工业固体废物的产生量来代替其排放量。

（二）主要解释变量

1. 能源技术进步偏向（Directed of Energy Technical Change，DETC）作为主要解释变量，以此考察能源技术进步偏向存在怎样的环境效应。依据前文的理论推导，采用清洁能源技术专利占全部能源技术专利申请量的比重 $A_c/(A_c+A_d)$ 来表征能源技术进步偏向（Aghion et al.，2016；王班班和齐绍洲，2016）。

具体而言，对于清洁能源和传统能源的技术强度（A_c 和 A_d）之前的研究大多采用与数据包络分析（DEA）相关的方法进行测算（涂正革和谌仁俊，2015；景维民和张璐，2014）。DEA 方法虽然能够将绿色技术进步从全要素生产率中分解出来，但对能源领域而言，难以从总产出中完全区分清洁投入和清洁产出，所以在这种情况下使用 DEA 方法分解能源技术进步会形成一定程度的主观误差（董直庆和王辉，2019）。因此，借鉴 Aghion 等（2016）、Popp（2002）以及齐绍洲等（2018）的研究思路，采用专利申请数来表征清洁能源和传统能源的技术进步及其偏向。

同时，无论是清洁能源或是传统能源绝大部分（70%~95%）都被用于能源及一次电力生产（Noailly & Smeets，2015；林伯强和李江龙，2015）。因此，本书所涉及的清洁能源技术和传统能源技术主要指这两类能源的生产技术。采用专利申请数表示技术进步而非授权数，主要是因为技术创新发生后，如果该项技术创新存在巨大的商业价值，技术创新主体往往会立即申请专利保护，以此获得该项技术的垄断收益。所以，专利申请和创新活动发生的时间最为接近，也最能反映该项技术的发展倾向（Popp，2002）。

首先，对于清洁能源技术进步，为了和数值模拟实验中使用的数据类型保持一致，本书依然采用第四章表 4-1 中清洁能源技术的 IPC 专利分类，以此查找这类专利在中国的申请数。这些绿色技术不但属于能源类技术，而且能够显著减少工业生产造成的污染排放，本书将其界定为“清洁能源技术”具有一定的说服力。同时，本书对清洁能源技术的界定与分类在其他相关研究中也有参考及使用（Albino et al.，2014；Noailly & Smeets，2015；Noailly & Shestalova，2017；Zhu et al.，2019）。其次，对于传统能源技术，本书也同样采用第四章表 4-2 中传统能源技术的 IPC 专利分类，以此查找这类专利在中国的申请数。

上述专利数据全部来自国家知识产权局（State Intellectual Property Office，SIPO）官方网站以及中国专利数据库。针对可能存在遗漏和错误使用相关的专利申请数的情况，本书按如下方式进一步对专利数据进行清洗，以确保数据的有效性：①依据专利申请的原始数据对样本再次进行清洗[①]。采用“分类号”“申请日”“申请单位地址”进行专利数据检索并下载相关专利的原始数据，进一步与已经剔除的不相关专利的数据集进行对比，查找可能遗漏和错误使用的专利数据。②对比现有研究的结果，按上述 IPC 分类号，截止到 2016 年本书搜集到的传统能源技术专利累积申请数约 16.6 万条，截止到 2016 年清洁能源技术专利累积申请数约 9.1 万条，这一结果与 Yang 等（2019）在相同样本时间段内的专利搜索结果接近，进而从一定程度上证明了专利数据的有效性和可靠性。

2. 能源效率（Energy Efficiency，EE），本书以单位能源消耗的 GDP 来度量能源效率或能源强度，用以表示能源技术进步的大小（邵帅 等，2016）。该变量一般情况下作为能源技术进步及其研发投入的外在反映，其值越大，同等产出水平下消耗的能源水平也就相对越低，预示着能源技术水平的提升。

能源技术的持续发展与创新无疑将成为治理环境污染、提高环境质量的重要途径，这不仅体现在清洁能源技术对污染排放表现出显著的抑制能力，同时传统能源技术的发展也将起到一定程度的节能减排作用（Aghion et al.，2016）。例如：汽车领域的涡轮增压技术，这类技术虽然以传统能源的消耗为代价，但明显提高了能源效率，依然可能成为缓解污染排放的重

---

① 本书通过国家知识产权局下载的清洁能源技术和传统能源技术专利申请原始数据按表 4-1 及表 4-2 所示的 IPC 分类购买获得，留存备索。

要方式。

（三）其他控制变量

1. 人口规模（Population，POP）

一般情况下，人口规模对环境质量的影响存在负面作用，即一个地区的人口越多其污染相对越严重（徐斌 等，2019）。但是各地区行政区划面积存在较大差异，某些地区人口规模的大小并非源自聚集效应而是由于地域面积本身大小所决定的，显然直接采用绝对意义上的人口指标来衡量人口规模并不完全合理。因此，本书采用各省单位面积的人口数量，即人口密度来表征人口规模，用以衡量其对环境质量的作用。

2. 经济增长（pGDP）

本书以各地区人均 GDP 表示经济增长，经典的 EKC 假说认为环境质量和经济增长之间的关联性并非一成不变的，而是存在非线性关系（Grossman & Krueger，1995；Shao et al.，2011；蔡昉 等，2008），并且这种非线性关系在本书第四章的数值模拟实验中也得到了一定程度的支持，所以本书使用各地区人均 GDP 及其高阶项（二次项、三次项）作为经济增长的代理指标（pGDP，$pGDP^2$，$pGDP^3$）来观察这种潜在的非线性关系究竟呈现出何种变化趋势。本书的人均 GDP 消除了价格因素影响，以 2000 年不变价计。

3. 能源消费（Energy Consumption，EC）

能源消费始终是造成环境污染的重要原因（林伯强 等，2010；林伯强和李江龙，2015），在有关环境问题的研究中一般会纳入能源消费变量作为环境及污染的重要影响因素。所以，本书将各省的一次能源消费总量转化为标准煤形式，并采用消除了人口规模影响的人均省级能源消费量（相应年末总能源消费量与各省总人口之比）来表示能源消费，以考察其对环境质量的影响。

4. 环境政策（Environmental Policy，EP）

一般来说，环境政策和污染排放呈负相关关系，即环境政策的目标是减少污染。同时，构建环境政策指标的方法众多，近期的研究主要采用复合指标表征环境政策的强度（徐斌 等，2019；董直庆和王辉，2019），但构建这些指标需要用到二氧化硫、固体废物排放等数据，本书若采用这种指标构建方式将产生严重的内生性关系，并对模型的估计结果造成影响。因此，在这一章节的研究中考虑到环境政策数据的质量和可得性，借鉴王鹏和谢丽文（2014）以及王国印和王动（2011）的研究思路，采用工业污染治理投资占 GDP 的比重来表示各地区的环境政策的强度。

5. 产业结构（Industrial Structure，IS）

来自工业部门的能源消耗无疑是造成环境污染的关键原因（许和连和邓玉萍，2012）。改革开放以来，中国始终处于工业化进程当中，工业部门的能源消费远远高于其他部门。与此同时，中国房地产的空前兴旺带动了建筑业的持续发展，从而进一步促进了相关产业的发展（钢铁、水泥、材料及化工），这使得建筑业进一步加剧了污染排放。因此，本书选取各地区包含工业和建筑业的第二产业增加值占 GDP 的比重来反映产业结构对环境质量的影响。

6. 外商直接投资（Foreign Direct Investment，FDI）

有关对外开放程度和环境质量的研究大多基于 FDI 展开。许和连和邓玉萍（2012）的研究结果显示，FDI 会通过引入清洁型技术来改善环境质量；盛斌和吕越（2012）也从工业层面证实了这一现象的存在，但他们的研究还表明 FDI 亦有可能会通过高污染产业的转移使一个国家的环境质量出现恶化。总的来说，FDI 对环境质量的影响表现出不确定性，但它的存在会对一个地区的环境质量造成冲击是基本得到认可的事实，所以本书将其纳入模型以此避免遗漏重要的解释变量。

四、变量的描述性统计

本章节所用到的数据主要来源如下：①国家知识产权局；②中国专利数据库；③历年《中国环境统计年鉴》；④历年《中国能源统计年鉴》；⑤历年《中国贸易外经统计年鉴》；⑥历年《中国统计年鉴》。表 5-1 显示了本章节计量模型所涉及变量的描述性统计结果。

表 5-1　变量描述性统计结果

变量	中文名	均值	标准差	最小值	最大值	观测量
SO_2	工业二氧化硫排放	0.016	0.011	0.001	0.061	480
WW	工业废水排放	16.309	8.652	3.252	47.631	480
SW	工业固体废物排放	1.821	2.633	0.094	25.267	480

表5-1(续)

变量	中文名	均值	标准差	最小值	最大值	观测量
DETC	能源技术进步偏向	0.477	0.133	0.053	0.952	480
EE	能源效率	0.939	0.547	0.159	3.245	480
POP	人口规模	418.196	583.643	7.161	3 825.690	480
pGDP	经济增长	27 478.760	21 678.910	2 661.557	108 000	480
EC	能源消费	2.691	1.488	0.556	8.093	480
EP	环境政策	0.179	0.142	0.007	0.992	480
IS	产业结构	46.426	7.936	19.738	66.42	480
FDI	外商直接投资	733.132	1 206.192	5.772	7 821.536	480

从描述性统计结果中可以发现部分特征化事实如下：

其一，对三种衡量环境质量的污染排放物而言，其指标单位为：吨/人，所以从均值角度来看，流动性最强的工业二氧化硫排放量最低，固体废物次之，而流动性中等的工业废水排放量相对最高。

其二，各省的能源技术进步偏向和环境效率差异明显，能源技术进步偏向强度没有任何一个地区超过1，其最小值为0.053，这表明现阶段中国的清洁能源技术发展力度较弱，能源技术进步的清洁偏向严重不足。

其三，经济相关指标显示，中国各地区的发展差距较大，地域性突出，采用空间计量模型来考量变量间的因果关系和空间特征可能是一种较为合理的研究思路。

第三节　实证结果分析

一、空间相关性检验

实证分析的第一步仍然需要对环境质量的代理变量所蕴含的空间相关性进行检验，以此确定空间计量模型的合理性。Moran's I 和 Geary's C 指数被广泛应用于空间相关性检验中，全书 Moran's I 的计算公式为

$$\text{Moran' I} = \frac{n\sum_{i=1}^{n}\sum_{j=1}^{n} w_{ij}(X_i - \bar{X})(X_j - \bar{X})}{\sum_{i=1}^{n}(X_i - \bar{X})^2 \sum_{i=1}^{n}\sum_{j=1}^{n} w_{ij}} \tag{5-9}$$

其中 X_i 是第 i 个区域环境质量的观测值，$\bar{X}$ 是 X 的平均值，n 是由 i 和 j 个索引指标代表的空间单位的数量，这里 n 是中国的 30 个省份，w_{ij} 是空间权重矩阵中第 i 行第 j 列的元素。

Geary's C 的计算公式为

$$\text{Geary's } C = \frac{(n-1)\sum_{i=1}^{n}\sum_{j=1}^{n} w_{ij}(X_i - X_j)^2}{2 \times \sum_{i=1}^{n}\sum_{j=1}^{n} w_{ij} \sum_{i=1}^{n}(X_i - \bar{X})^2} \tag{5-10}$$

其中 X 、$\bar{X}$ 、n 和 w_{ij} 的解释与 Moran's I 中的解释相同。

基于等式（5-9）和等式（5-10），本书计算了三种污染排放物（SO_2、WW、SW）代表的环境质量的 Moran's I 和 Geary's C，为了简化分析，计算所用到的空间权重矩阵采用地理距离矩阵（W^{GEO}）这种形式。

首先，在地理距离矩阵条件下，三种污染排放物全局空间相关性检验的结果如表 5-2 所示。

表 5-2　中国省级 SO_2、WW 和 SW 的 Moran's I 和 Geary's C 检验（W^{GEO}）

year	Moran's I for SO_2	Moran's I for WW	Moran's I for SW	Geary's C for SO_2	Geary's C for WW	Geary's C for SW
2000	0.055 (0.944)	0.181** (2.411)	0.143* (1.922)	0.900 (−0.987)	0.808* (−1.735)	0.788** (−2.011)
2001	0.081 (1.227)	0.209*** (2.629)	0.113 (1.612)	0.867 (−1.201)	0.812* (−1.786)	0.792* (−1.938)
2002	0.085 (1.275)	0.204** (2.544)	0.128* (1.762)	0.861 (−1.333)	0.816* (−1.779)	0.791** (−1.962)
2003	0.111* (1.651)	0.159** (2.027)	0.122* (1.723)	0.790* (−1.871)	0.846 (−1.526)	0.800* (−1.851)
2004	0.128* (1.819)	0.117* (1.683)	0.180** (2.323)	0.779** (−1.998)	0.879 (−1.208)	0.759** (−2.278)
2005	0.118* (1.734)	−0.044 (−0.110)	0.186** (2.392)	0.784* (−1.922)	1.020 (0.207)	0.737** (−2.488)

表5-2(续)

year	Moran's I for SO_2	Moran's I for WW	Moran's I for SW	Geary's C for SO_2	Geary's C for WW	Geary's C for SW
2006	0. 107 (1. 625)	0. 089* (1. 654)	0. 172** (2. 234)	0. 789* (-1. 856)	0. 975 (-0. 251)	0. 735** (-2. 495)
2007	0. 113* (1. 684)	0. 013 (0. 225)	0. 181** (2. 340)	0. 785* (-1. 904)	0. 967 (-0. 326)	0. 734** (-2. 497)
2008	0. 126* (1. 825)	-0. 044 (-0. 101)	0. 161** (2. 096)	0. 771** (-2. 031)	0. 997 (-0. 030)	0. 775** (-2. 163)
2009	0. 146** (2. 043)	0. 007 (0. 294)	0. 164** (2. 126)	0. 750** (-2. 223)	0. 961 (-0. 378)	0. 761** (-2. 284)
2010	0. 153** (2. 105)	0. 032 (0. 021)	0. 177** (2. 262)	0. 753** (-2. 226)	1. 006 (0. 062)	0. 757** (-2. 343)
2011	0. 190*** (2. 594)	0. 170* (1. 679)	0. 219*** (2. 696)	0. 709*** (-2. 591)	0. 846 (-1. 382)	0. 747** (-2. 453)
2012	0. 180** (2. 454)	0. 095* (1. 765)	0. 212*** (2. 620)	0. 708** (-2. 587)	0. 913 (-0. 852)	0. 756** (-2. 368)
2013	0. 186** (2. 494)	0. 135* (1. 793)	0. 208*** (2. 575)	0. 697*** (-2. 701)	0. 868 (-1. 287)	0. 764** (-2. 299)
2014	0. 185** (2. 482)	0. 125* (1. 680)	0. 228*** (2. 768)	0. 696*** (-2. 728)	0. 868 (-1. 291)	0. 745*** (-2. 574)
2015	0. 191*** (2. 609)	0. 152** (1. 969)	0. 215*** (2. 652)	0. 697*** (-2. 706)	0. 854 (-1. 435)	0. 765** (-2. 279)

注：*、**、***表示10%、5%和1%显著水平。

其次，为了直观起见本书以地理距离权重矩阵（W^{GEO}）和经济地理复合嵌套矩阵（W^{BOTH}）为基础，使用Moran's I散点图的方式比较了三种污染排放物在2015年的空间关联性，结果如图5-1至图5-3所示。

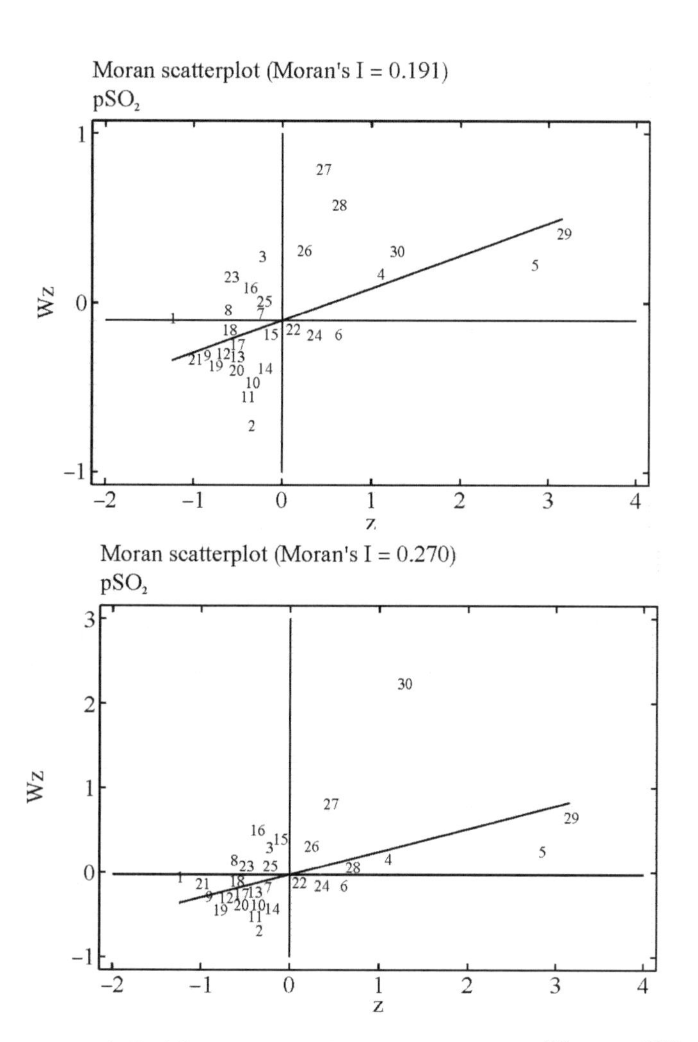

图 5-1 二氧化硫的 Moran's I 散点图（2015 年，上 W^{GEO}，下 W^{BOTH}）

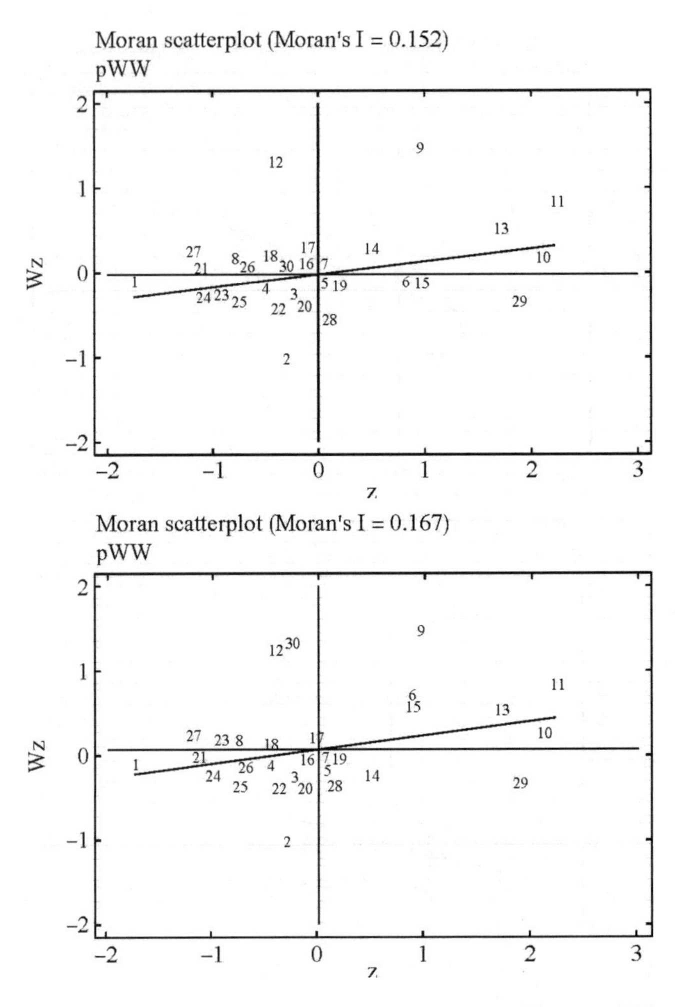

图 5-2　废水的 Moran's I 散点图（2015 年，上 W^{GEO}，下 W^{BOTH}）

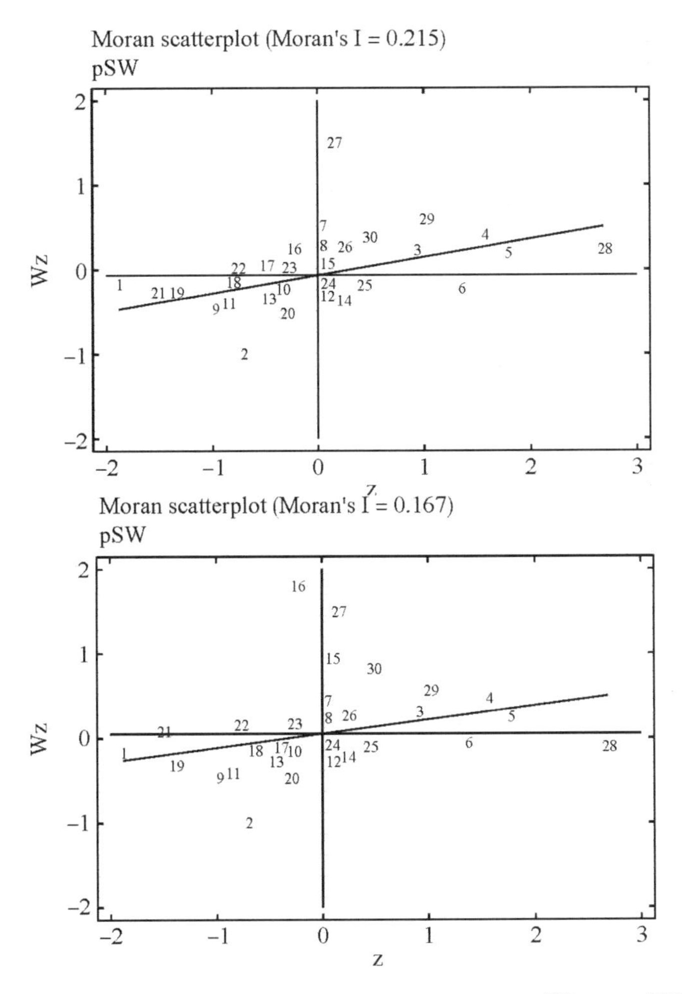

图 5-3　固体废物的 Moran's I **散点图**（2015 **年，上** W^{GEO}**，下** W^{BOTH}）

表 5-2 的空间相关性检验的结果显示，在地理距离权重矩阵（W^{GEO}）条件下，大多数时间内 Moran's I 指数大于 0 且 Geary's C 的结果小于 1，并且随时间推移这一结果越来越显著，表明三种污染排放物（SO_2、WW、SW）均存在空间上正向的聚集特性，即高污染地区与高污染地区聚集，低污染地区与低污染地区聚集，污染物的泄漏效应逐渐加重。图 5-1 至图 5-3 的结果也显示出在 W^{GEO} 和 W^{BOTH} 两种权重矩阵条件下，以省为空间单位时，中国大部分地区都处于第一、三象限的正相关区域，这意味着三种污染排放物均存在显著的正向空间溢出效应。因此，采用空间计量模型进行研究是切实可行的。

二、基准回归结果

空间相关性检验的结果证实了上述三种污染排放物（SO_2、WW、SW）均存在显著地空间效应，而这三种污染物又代表了“大气、水体和土壤”受到的污染程度，并以此反映环境质量，若要准确分析能源技术进步偏向对环境质量的影响就需要对这种空间效应加以控制。为了实现这一目的，依据 Elhorst（2003）、LeSage 和 Pace（2009）给出的研究思路，本书首先对这一章节设定的基准面板模型（5-4）进行回归分析，并使用拉格朗日乘数检验（LMLAG 和 LMERR）及其稳健形式的检验（Robust LMLAG 和 Robust LMERR）来考察采用基准回归模型进行的研究是否忽略了研究对象本身潜在的空间效应，以及本书构建的空间计量模型是否合理。

第一步，进行基准面板模型的回归分析，豪斯曼检验（Hausman test）的结果显示“固定效应（FE）”形式的面板模型比“随机效应（RE）”模型更适合用来进行估计，FE 的回归结果如表 5-3 所示。

表 5-3　SO_2、WW 和 SW 的面板模型估计结果（基准回归结果）

变量	$lnSO_2$		lnWW		lnSW	
	(1)	(2)	(3)	(4)	(5)	(6)
lnDETC	-0.085* (-1.95)	-0.087** (-2.00)	-0.122*** (-3.00)	-0.112*** (-2.73)	-0.173*** (-3.48)	-0.172*** (-3.42)
lnEE	—	0.032 (0.39)	—	-0.119 (-1.58)	—	-0.012 (-0.13)
lnPOP	0.212 (0.84)	0.229 (0.90)	0.193 (0.82)	0.130 (0.54)	0.816*** (2.83)	0.810*** (2.76)
lnpGDP	-15.64*** (-3.18)	-15.76*** (-3.19)	-18.77*** (-4.06)	-18.31*** (-3.96)	-36.36*** (-6.44)	-36.32*** (-6.41)
$lnpGDP^2$	1.733*** (3.40)	1.745*** (3.41)	2.006*** (4.19)	1.959*** (4.09)	3.850*** (6.58)	3.846*** (6.55)
$lnpGDP^3$	-0.064*** (-3.67)	-0.065*** (-3.69)	-0.071*** (-4.34)	-0.070*** (-4.22)	-0.134*** (-6.64)	-0.133*** (-6.61)
lnEC	0.805*** (8.38)	0.833*** (6.91)	0.386*** (4.28)	0.278** (2.47)	0.671*** (6.09)	0.660*** (4.77)
lnIS	0.229* (1.88)	0.242* (1.91)	0.058 (0.50)	0.009 (0.08)	0.017 (0.12)	0.012 (0.08)

表5-3(续)

变量	$lnSO_2$		lnWW		lnSW	
	(1)	(2)	(3)	(4)	(5)	(6)
lnFDI	-0.086** (-2.35)	-0.090** (-2.38)	-0.096*** (-2.78)	-0.084** (-2.40)	-0.120*** (-2.85)	-0.119*** (-2.76)
lnEP	0.053*** (2.67)	0.054*** (2.69)	0.062*** (3.32)	0.060*** (3.22)	0.079*** (3.47)	0.079*** (3.45)
Cons	41.90*** (2.72)	42.26*** (2.74)	61.06*** (4.23)	59.70*** (4.13)	109.20*** (6.19)	109.10*** (6.16)
Hausman test	20.07** (0.018)	20.35** (0.022)	24.46*** (0.004)	28.10*** (0.002)	24.13*** (0.004)	23.43*** (0.009)
F test	47.05*** (0.000)	42.28*** (0.000)	30.20*** (0.000)	28.50*** (0.000)	226.02*** (0.000)	202.96*** (0.000)
Obs	480	480	480	480	480	480
R^2	0.489	0.490	0.392	0.396	0.821	0.822
LM (lag)	11.454***	13.228***	74.688***	68.177***	5.344**	5.611**
Robust LM (lag)	9.818***	11.575***	72.355***	65.897***	6.622**	6.298**
LM (error)	19.456***	28.316***	6.301**	3.251*	140.667***	112.531***
Robust LM (error)	18.288***	27.186***	3.911*	3.412*	136.478***	156.866***

注：*、**、*** 表示10%、5%和1%显著水平，括号内是 t 统计量。Hausman test，F test 的括号中显示 p 值。固定效应汇报组内 R^2，Cons 表示常数项，Obs 为样本观测量。

表5-3中，第（2）、（4）、（6）列的估计结果在第（1）、（3）、（5）列估计能源技术进步偏向（lnDETC）对环境质量影响的基础上引入能源效率（lnEE），用以表示能源技术进步的大小。加入该变量后主要回归结果并未发生方向性变化，意味着本书对技术进步的分解不会影响估计结果。同时，第（2）、（4）、（6）列中能源技术进步偏向的回归系数至少在10%水平上显著为负，表明能源技术进步的清洁偏向的确能够减少污染排放，以此对环境质量产生显著的优化作用。但需要注意的是，能源技术进步的清洁偏向对不同污染物的净化能力表现出非一致性。具体而言，其对固体废物排放（lnSW）的改善作用最强，废水排放（lnWW）次之，对二氧化硫排放（$lnSO_2$）的净化作用最弱。以第（2）列和第（6）列的估计结果

为例，能源技术进步朝清洁方向转变1%，二氧化硫排放将减少0.09%左右，而固体废物排放则减少了0.17%。

随后，经济增长（lnpGDP）及其二次项（$lnpGDP^2$）和三次项（$lnpGDP^3$）的估计系数均呈现显著的“负、正、负”变化趋势，表明对大气、水体和土壤而言其环境质量随经济增长均会呈现出倒N型变化趋势，这证实了经典EKC假说的猜测（Grossman & Krueger，1995；Shao et al.，2011），并显示出未来一段时间内中国的环境质量和经济增长可能会进入正相关的发展阶段，污染排放和经济产出将逐渐实现“脱钩”，经济的持续发展将不以牺牲环境为代价，这进一步凸显了当前阶段环境污染治理的重要性。此外，人口规模（lnPOP）对环境质量的影响并不显著，只有在被解释变量为固体废物的条件下，人口规模的增长才会显著地加剧环境污染，这意味着人口的上升主要造成了固体废物的增加，而较少产生二氧化硫和废水排放。

最后，表5-3显示了在经济地理复合嵌套矩阵（W^{BOTH}）条件下LM检验和Robust LM检验的结果，对于这些检验中的大多数而言，其结果在5%水平上显著，表明被解释变量不存在空间效应和误差项及解释变量不存在空间效应的原假设应该被拒绝，即三种污染排放物均存在一定程度的空间相关性，能源技术进步偏向等解释变量也可能存在空间相关性。因此，上述基准回归分析的结果存在一定程度的偏误，需要采用结合了SAR和SEM特征的SDM模型，并且基于极大释然估计（Maximum Likelihood Estimate，MLE）来解决上述变量潜在的空间相关性，以此提高分析结果的有效性。

三、空间面板回归结果

在确定相邻省份三种污染物排放物（SO_2、WW、SW）的空间相关性之后，本书估算了等式（5-6）中主要变量对三种污染物所代表的环境质量的影响。与采用OLS方法进行估计的一般面板数据不同，空间面板数据需要采用MLE方法进行估计以此得到一致性估计结果。

此外，为了进一步提高估计结果的稳健性，借鉴逐步回归的思想，模型估计时逐步添加能源技术进步偏向（lnDETC），能源效率（lnEE），交互项（lnDETC × lnEP 和 lnEE × lnEP）以及经济增长变量的二次项（$lnpGDP^2$）和三次项（$lnpGDP^3$）。同时，在实证分析阶段，本书将在经济地理复合嵌套矩阵（W^{BOTH}）的基础上估计等式（5-6）；在稳健性检验阶段，本书将进一步采用地理距离权重矩阵（W^{GEO}）对回归结果进行佐证。最后，对每种污染排放物而言存在6个回归模型，第（1）列至第（3）列的模型只包含经济增长变量一次项和二次项，第（4）列至第（6）列包含其三次项，这样做的目的是进一步验证EKC假说中环境质量和经济增长之间的U型、倒U型、N型以及倒N型曲线关系。表5-4至表5-6显示了三种污染排放物为代表的环境质量的回归结果，依据前文检验，采用固定效应的SDM空间面板模型。首先，考察能源技术进步偏向对工业二氧化硫排放所代表的大气环境质量的影响，结果如表5-4所示。

表5-4　工业二氧化硫的空间面板模型估计结果（矩阵：W^{BOTH}）

变量	$lnSO_2$					
	（1）	（2）	（3）	（4）	（5）	（6）
rho（ρ）	0.230*** （2.94）	0.157** （2.08）	0.169** （2.27）	0.217*** （3.02）	0.158** （2.23）	0.171** （2.41）
lnDETC	−0.101* （−1.84）	−0.113** （−2.29）	−0.119** （−2.47）	−0.125** （−2.51）	−0.128*** （−2.72）	−0.133*** （−2.89）
lnEE	0.111 （0.87）	0.117 （0.96）	0.305** （2.09）	0.139 （1.13）	0.135 （1.14）	0.309** （2.11）
lnPOP	0.424 （0.46）	0.495 （0.56）	0.584 （0.68）	0.859 （1.01）	0.806 （0.98）	0.871 （1.07）
lnpGDP	2.403** （2.14）	1.804* （1.90）	1.680* （1.77）	−15.530* （−1.68）	−11.81 （−1.32）	−11.63 （−1.32）
$lnpGDP^2$	−0.117** （−2.01）	−0.089* （−1.85）	−0.080* （−1.65）	1.754* （1.88）	1.334 （1.46）	1.311 （1.46）
$lnpGDP^3$	—	—	—	−0.064* （−2.07）	−0.049 （−1.60）	−0.048 （−1.58）
lnEC	0.794*** （2.89）	0.807*** （3.17）	0.754*** （2.98）	0.738*** （2.66）	0.756*** （2.93）	0.702*** （2.81）
lnIS	−0.015 （−0.07）	0.081 （0.42）	0.044 （0.22）	−0.169 （−0.66）	−0.048 （−0.22）	−0.078 （−0.35）
lnFDI	−0.018 （−0.29）	−0.007 （−0.11）	−0.009 （−0.14）	−0.016 （−0.28）	−0.006 （−0.11）	−0.008 （−0.13）
lnEP	0.059** （2.00）	0.150*** （2.79）	0.122** （2.03）	0.062** （2.19）	0.143*** （2.69）	0.117** （2.00）

表5-4(续)

变量	$lnSO_2$					
	(1)	(2)	(3)	(4)	(5)	(6)
lnDETC×lnEP	—	0.039** (2.51)	0.021** (2.12)	—	0.035** (2.06)	0.018* (1.91)
lnEE×lnEP	—	—	0.091** (2.10)	—	—	0.086** (2.01)
W * lnDETC	-0.069 (-0.43)	-0.175 (-1.09)	-0.177 (-1.08)	-0.104 (-0.70)	-0.181 (-1.18)	-0.183 (-1.16)
W * lnEE	-0.607** (-1.98)	-0.442 (-1.42)	-0.732** (-2.52)	-0.550* (-1.80)	-0.426 (-1.38)	-0.721** (-2.41)
W * lnPOP	-1.182 (-0.96)	-1.464 (-1.20)	-1.706 (-1.44)	-0.404 (-0.32)	-0.896 (-0.69)	-1.205 (-0.94)
W * lnpGDP	-0.502 (-0.22)	-1.310 (-0.60)	-1.366 (-0.65)	-13.33 (-0.70)	-8.726 (-0.52)	-6.828 (-0.40)
W * $lnpGDP^2$	0.023 (0.21)	0.070 (0.66)	0.072 (0.72)	1.364 (0.72)	0.852 (0.51)	0.652 (0.39)
W * $lnpGDP^3$	—	—	—	-0.047 (-0.75)	-0.028 (-0.51)	-0.021 (-0.38)
W * lnEC	0.111 (0.26)	0.272 (0.68)	0.318 (0.84)	0.265 (0.60)	0.369 (0.90)	0.406 (1.05)
W * lnIS	-1.01*** (-2.69)	-0.73** (-1.99)	-0.69* (-1.83)	-1.18*** (-3.33)	-0.88** (-2.54)	-0.83** (-2.31)
W * lnFDI	-0.33** (-2.53)	-0.26** (-2.19)	-0.26** (-2.19)	-0.31*** (-2.62)	-0.26** (-2.26)	-0.26** (-2.23)
W * lnEP	-0.079** (-2.10)	-0.005 (-0.08)	0.035 (0.52)	-0.079** (-2.12)	-0.022 (-0.35)	0.018 (0.27)
W * lnDETC×lnEP	—	0.034 (1.18)	0.063* (1.74)	—	0.027 (1.00)	0.055 (1.61)
W * lnEE×lnEP	—	—	-0.148 (-1.63)	—	—	-0.147* (-1.66)
Obs	480	480	480	480	480	480
R^2	0.543	0.583	0.596	0.563	0.592	0.604

注：*、**、*** 表示 10%、5%和 1%显著水平，括号内显示 t 统计量，W 表示空间权重矩阵，Obs 为样本观测量。

需要说明的是，SDM 模型中解释变量和空间权重矩阵 W 的交互项反映了相邻区域中这些解释变量如何影响本地的环境质量。

在表 5-4 的结果中，空间滞后系数 ρ 至少在 5%水平上显著为正，再次证实了二氧化硫排放（$\ln SO_2$）存在显著的空间效应。在风速、降水等自然因素造成的污染物转移，以及地区间经济、技术和生产要素转移等经济活动的共同作用下，本地的二氧化硫污染与地理或经济相近地区的二氧化硫污染水平密切相关，并且表现出“荣辱与共”的特性。以第（6）列的结果为例，邻地二氧化硫排放每提高 1%，本地的二氧化硫就会上涨约 0.17%，表明二氧化硫造成的大气污染存在典型的“泄漏效应”。若要解决这一问题，需要各省之间采取联防联控的污染治理行动，以及配套协同一致的环境政策。

同时，本地的能源技术进步偏向（lnDETC）朝清洁方向发展时，的确能够显著减少本地二氧化硫排放，并以此优化本地的环境质量。虽然邻地的能源技术进步偏向（W * lnDETC）对本地的二氧化硫排放存在负向影响，但其结果在统计上不显著，表明邻地能源技术的清洁偏向不一定能改善本地的环境质量，各地区在清洁能源技术方面的协调合作严重不足，在后续研究中本书还将进一步对 SDM 模型的空间效应进行分解。需要注意的是，能源效率（lnEE）的提高会使得本地的大气环境发生恶化，说明高能效并未起到预期的减排作用，这证实了“杰文斯悖论”假说，即能源技术的发展虽然能够提高能源效率，降低单位能耗，但是在能源回弹效应的作用下可能引起能源消耗总量的增加，而能源消耗总量的增加势必造成环境压力的持续上升，从而带来更为严重的污染问题（Berkhout et al.，2000；丘海斌，2016；邵帅 等，2013）。上述实证结果表明，单纯的效率改进型措施往往会受到能源回弹效应的持续影响，在通过环境政策促进能源效率提高的同时，还需要采取其他环境政策对可能出现的能源回弹效应施加限制，以期确保能源效率改进带来的节能作用得以实现。但必须注意的事实是，邻地的能源效率（W * lnEE）显著改善了本地的大气环境质量，减少了二氧化硫排放，该结论提示我们在考虑能源效率带来的节能作用时需要关注能源效率改进带来的空间效应，否则可能会低估能源效率提高带来的节能作用。

此外，第（1）列、第（3）列中本地经济增长一次项（lnpGDP）的回归结果显著为正，其二次项（$\ln pGDP^2$）则显著为负，表明二氧化硫所代表的大气环境质量和经济增长之间呈现倒 U 型曲线关系，即二氧化硫排放随当地经济的发展逐步提高，当经济发展到一定程度时其排放量就会下降，这与经典 EKC 假说提出的观点基本相符合。当引入经济增长变量三次项（$lnpGDP^3$）以后，回归系数虽然表现出“负、正、负”的变化特征，但在统计上并不显著。所以，与 OLS 方法下一般面板模型的结论相比，考虑相关变量潜在的空间效应之后二氧化硫所代表的大气环境质量与经济增长之间并非呈现倒 N 型曲线，而是表现出倒 U 型关系。这一潜在事实意味着随着经济和清洁能源技术的发展，工业二氧化硫造成的污染将持续降低，对二氧化硫而言能够实现 EKC 曲线所预测的产出和排放“脱钩”。

最后，本地环境政策（lnEP）与能源效率的交互项（lnEE×lnEP）和能源技术进步偏向的交互项（lnDETC×lnEP）在 10%的水平上显著为正，表明环境政策通过影响能源效率和能源技术偏向加重了环境污染，这是因为环境政策通过技术进步来影响污染排放，必须考虑清洁型技术的发展。而一般的技术进步分为生产技术和清洁技术两种类型（李斌和赵新华，2011），前者的提高带来节能作用，即效率增加，而后者才能起到减排的效果，即减少污染，因此技术进步在产生过程中存在偏向问题。而本书的结果显示，中国的环境政策可能较为注重短期绩效，其更多被用于促进能源效率的提高而非激励清洁技术发展，这间接导致能源消费上升，从而对环境质量表现出负面作用。上述特征也可以从环境政策（lnEP）的回归系数中找到相应的证据，它显示出中国目前以行政命令为主导的环境政策难以有效促进绿色技术进步，同时行政命令还存在一定的时间滞后，从而导致企业微观层面“遵循成本效应”对清洁能源技术创新的抑制作用大于“创新补偿效应”带来的激励作用，这是环境政策可能会导致污染排放的增加的主要原因（Zhang，2016；Zhao et al.，2015）。

接下来，本书将继续考察能源技术进步偏向对水环境质量的影响，回归结果如表 5-5 所示。

表 5-5 工业废水的空间面板模型估计结果（矩阵：W^{BOTH}）

变量	lnWW					
	(1)	(2)	(3)	(4)	(5)	(6)
rho（ρ）	0.058 (0.63)	0.163* (1.72)	0.175* (1.85)	0.095 (1.12)	0.168* (1.78)	0.179* (1.89)
lnDETC	−0.104* (−1.70)	−0.111* (−1.89)	−0.110* (−1.95)	−0.131** (−2.50)	−0.129** (−2.50)	−0.129** (−2.56)
lnEE	−0.056 (−0.38)	−0.060 (−0.40)	0.058 (0.31)	−0.024 (−0.16)	−0.037 (−0.25)	0.062 (0.33)
lnPOP	0.675 (1.02)	0.718 (1.15)	0.814 (1.27)	1.204* (1.78)	1.168* (1.81)	1.241* (1.89)
lnpGDP	3.348*** (2.75)	2.737** (2.53)	2.758*** (2.58)	−23.89*** (−3.14)	−22.05*** (−2.99)	−21.42*** (−3.00)
$lnpGDP^2$	−0.153** (−2.47)	−0.125** (−2.21)	−0.125** (−2.23)	2.680*** (3.37)	2.457*** (3.20)	2.394*** (3.22)
$lnpGDP^3$	—	—	—	−0.097** (−3.57)	−0.089*** (−3.36)	−0.087*** (−3.40)
lnEC	0.668*** (2.65)	0.649*** (2.72)	0.662*** (2.72)	0.543** (2.08)	0.520** (2.08)	0.537** (2.10)
lnIS	−0.286 (−1.13)	−0.207 (−0.89)	−0.201 (−0.88)	−0.485 (−1.57)	−0.400 (−1.38)	−0.389 (−1.36)
lnFDI	−0.051 (−0.60)	−0.036 (−0.46)	−0.041 (−0.53)	−0.049 (−0.63)	−0.036 (−0.50)	−0.040 (−0.56)
lnEP	0.051* (1.77)	0.141*** (2.76)	0.132*** (2.60)	0.056** (2.08)	0.138*** (2.88)	0.131*** (2.69)
lnDETC×lnEP	—	0.037*** (2.60)	0.030** (2.06)	—	0.034** (2.54)	0.028* (1.80)
lnEE×lnEP	—	—	0.046 (1.11)	—	—	0.039 (0.90)
W * lnDETC	−0.0848 (−0.85)	−0.160 (−1.59)	−0.142 (−1.38)	−0.107 (−1.03)	−0.149 (−1.49)	−0.133 (−1.31)
W * lnEE	−0.420** (−1.97)	−0.288 (−1.36)	−0.148 (−0.56)	−0.430** (−1.98)	−0.328 (−1.47)	−0.193 (−0.69)
W * lnPOP	−1.212 (−1.28)	−1.482 (−1.49)	−1.326 (−1.31)	−0.726 (−0.65)	−1.141 (−1.04)	−0.992 (−0.89)

表5-5(续)

变量	lnWW					
	(1)	(2)	(3)	(4)	(5)	(6)
W * lnpGDP	-4.136* (-1.92)	-4.709** (-2.31)	-4.528** (-2.29)	1.015 (0.06)	5.518 (0.35)	5.075 (0.32)
W * $lnpGDP^2$	0.191* (1.91)	0.223** (2.38)	0.212** (2.34)	-0.321 (-0.18)	-0.809 (-0.50)	-0.758 (-0.48)
W * $lnpGDP^3$	—	—	—	0.016 (0.27)	0.034 (0.62)	0.032 (0.59)
W * lnEC	0.008 (0.02)	0.142 (0.40)	0.129 (0.38)	0.154 (0.46)	0.262 (0.75)	0.247 (0.73)
W * lnIS	-0.184 (-0.44)	0.011 (0.03)	0.075 (0.17)	-0.269 (-0.69)	-0.061 (-0.16)	-0.007 (-0.02)
W * lnFDI	-0.125 (-1.17)	-0.071 (-0.68)	-0.089 (-0.87)	-0.103 (-1.09)	-0.073 (-0.73)	-0.088 (-0.90)
W * lnEP	-0.061 (-1.26)	-0.035 (-0.53)	-0.028 (-0.42)	-0.062 (-1.33)	-0.063 (-0.95)	-0.058 (-0.86)
W * lnDETC×lnEP	—	0.015 (0.65)	0.008 (0.32)	—	0.003 (0.13)	-0.003 (-0.14)
W * lnEE×lnEP	—	—	0.071 (1.07)	—	—	0.068 (1.03)
Obs	480	480	480	480	480	480
R^2	0.353	0.385	0.391	0.395	0.415	0.420
拐点的人均 GDP	—	—	—	—	—	2 288/ 40 506

注：*、**、*** 表示 10%、5%和 1%显著水平，括号内显示 t 统计量，W 表示空间权重矩阵，Obs 为样本观测量。

表 5-5 的估计结果显示，工业废水（lnWW）也存在正向的空间效应，但是其空间效应在经济和统计上的显著性明显弱于工业二氧化硫这种气体污染物，可能是因为工业废水在处理之后大多经由江河进行排放，而河流及湖泊的位置相对固定，因此其物理上的扩散能力弱于气体污染物的缘故。同时，本地的能源技术进步偏向（lnDETC）与工业废水呈负相关关系，预示着本地能源技术进步的清洁偏向也会对本地的水污染产生净化作用。和二氧化硫不同，本地能源效率改进（lnEE）对废水排放的影响并不

确定，原因可能是污水处理主要依赖净水设备及技术，而能效改进主要涉及能源相关的生产及应用类技术，所以能源效率提高对废水排放的影响十分有限。

表 5-5 中第（4）列至第（6）列本地经济增长变量及其高次项（lnpGDP、$lnpGDP^2$、$lnpGDP^3$）的回归结果表现出显著的“负、正、负”变化趋势，与基准回归中的结论基本保持一致，即随着经济发展，废水排放所代表的环境质量表现出倒 N 型变化趋势。为了进一步分析，在第（6）列经济增长变量回归系数的基础上求得 EKC 曲线拐点时的人均 GDP 值①。第一个拐点的人均 GDP 值约为 2 288 元人民币，第二个拐点为 40 506 元人民币，这代表了所有省份的平均水平，考虑到不同地区的异质性，不同省份的拐点可能发生在不同的阶段中。在样本时间段内，中国几乎所有的地区都已迈过了第一个拐点，但对于第二个拐点尚有“甘肃、云南、贵州、山西、广西、安徽、江西、四川、河南、黑龙江、新疆及河北”这 12 个地区未能到来，对于上述地区而言，经济发展仍然会导致工业废水排放的增加。不难发现，这些省份主要位于中国西南及西北等偏远地区，而对长三角、珠三角和京津冀等经济相对较发达的地区来说，工业废水污染的高峰可能已经过去，因为这些地区的人均 GDP 水平已明显高于第二个拐点。

此外，本地环境政策和能源技术进步偏向的交互项（lnDETC×lnEP）至少在 10%水平上显著为正，这一结果与二氧化硫排放作为被解释变量时的情况基本一致，同样意味着当前以行政命令约束为主的环境政策未能有效促进清洁技术的发展，当前的环境政策更多表现出“头疼医头，脚疼医脚”的处理模式。因此，这一潜在事实提醒我们想要从技术上对污染治理有所作为，怎样引导技术进步实现“清洁化”转变尤其重要。

最后，本书将考察能源技术进步的清洁偏向对土壤环境质量的影响，即被解释变量为工业固体废物排放（lnSW）时能源技术进步偏向的环境效应，回归结果如表 5-6 所示。

---

① 这里的拐点通过计算一阶偏导数，并使其等于 0 求得，和数学中“拐点”的概念并不相同。

表 5-6 工业固体废物的空间面板模型估计结果（矩阵：W^{BOTH}）

变量	lnSW					
	(1)	(2)	(3)	(4)	(5)	(6)
rho（ρ）	0.291*** (5.51)	0.271*** (4.82)	0.262*** (4.77)	0.173*** (4.19)	0.167*** (4.24)	0.156*** (4.13)
lnDETC	-0.123* (-1.69)	-0.133* (-1.78)	-0.132* (-1.78)	-0.171* (-1.89)	-0.175* (-1.84)	-0.173* (-1.85)
lnEE	0.041 (0.19)	0.050 (0.22)	0.134 (0.60)	0.060 (0.30)	0.066 (0.31)	0.134 (0.65)
lnPOP	0.661 (0.47)	0.718 (0.53)	0.797 (0.58)	1.235 (0.89)	1.214 (0.89)	1.284 (0.94)
lnpGDP	1.967 (1.45)	1.670 (1.17)	1.719 (1.17)	-15.98 (-1.45)	-13.59 (-1.18)	-13.01 (-1.13)
$lnpGDP^2$	-0.085 (-1.21)	-0.071 (-0.97)	-0.073 (-0.96)	1.801 (1.57)	1.543 (1.29)	1.487 (1.25)
$lnpGDP^3$	—	—	—	-0.066* (-1.67)	-0.056 (-1.38)	-0.055 (-1.35)
lnEC	1.009** (2.08)	1.025** (2.02)	1.042** (1.97)	0.969** (1.96)	0.997* (1.92)	1.025* (1.88)
lnIS	0.092 (0.43)	0.157 (0.79)	0.166 (0.85)	-0.143 (-0.68)	-0.082 (-0.40)	-0.068 (-0.34)
lnFDI	-0.057 (-0.89)	-0.052 (-0.88)	-0.056 (-0.94)	-0.053 (-0.98)	-0.052 (-0.96)	-0.057 (-1.03)
lnEP	0.072** (2.19)	0.115*** (2.77)	0.110*** (2.68)	0.073*** (2.59)	0.090** (2.41)	0.088** (2.45)
lnDETC×lnEP	—	0.019 (0.99)	0.015 (0.84)	—	0.008 (0.47)	0.006 (0.36)
lnEE×lnEP	—	—	0.031 (1.17)	—	—	0.023 (0.89)
W * lnDETC	-0.173 (-0.71)	-0.250 (-0.99)	-0.233 (-0.98)	-0.288 (-1.07)	-0.333 (-1.19)	-0.317 (-1.18)
W * lnEE	-0.813* (-1.93)	-0.739** (-1.96)	-0.579 (-1.14)	-0.669 (-1.53)	-0.637 (-1.58)	-0.435 (-0.80)
W * lnPOP	-1.334 (-0.71)	-1.525 (-0.84)	-1.356 (-0.79)	0.523 (0.40)	0.339 (0.28)	0.568 (0.48)

表5-6(续)

变量	lnSW					
	(1)	(2)	(3)	(4)	(5)	(6)
W * lnpGDP	0. 791 (0. 38)	0. 122 (0. 06)	0. 266 (0. 13)	-51. 45** (-2. 10)	-51. 08* (-1. 91)	-52. 33* (-1. 91)
W * $lnpGDP^2$	-0. 001 (-0. 00)	0. 040 (0. 39)	0. 031 (0. 29)	5. 420** (2. 13)	5. 362* (1. 93)	5. 498* (1. 93)
W * $lnpGDP^3$	—	—	—	-0. 187** (-2. 13)	-0. 184* (-1. 91)	-0. 189* (-1. 92)
W * lnEC	-1. 189*** (-3. 12)	-1. 180*** (-3. 14)	-1. 198*** (-3. 02)	-0. 850*** (-2. 60)	-0. 886*** (-2. 86)	-0. 910*** (-2. 80)
W * lnIS	-1. 074*** (-4. 69)	-0. 921*** (-3. 59)	-0. 865*** (-3. 31)	-1. 517*** (-4. 70)	-1. 416*** (-3. 90)	-1. 371*** (-3. 79)
W * lnFDI	-0. 212 (-1. 38)	-0. 149 (-1. 11)	-0. 165 (-1. 20)	-0. 209 (-1. 51)	-0. 168 (-1. 32)	-0. 184 (-1. 41)
W * lnEP	-0. 111* (-1. 67)	-0. 039 (-0. 92)	-0. 038 (-0. 80)	-0. 103* (-1. 68)	-0. 049 (-1. 02)	-0. 051 (-1. 06)
W * lnDETC×lnEP	—	0. 033 (1. 25)	0. 024 (0. 95)	—	0. 025 (1. 03)	0. 012 (0. 55)
W * lnEE×lnEP	—	—	0. 082 (0. 73)	—	—	0. 102 (0. 90)
Obs	480	480	480	480	480	480
R^2	0. 833	0. 838	0. 840	0. 854	0. 855	0. 856

注：*、**、*** 表示 10%、5%和 1%显著水平，括号内显示 t 统计量，W 表示空间权重矩阵，Obs 为样本观测量。

一般来说，工业固体废物（lnSW）在物理上的扩散性最差，但是其依然存在显著的正向空间效应，即高污染与高污染地区聚集，而低污染与低污染地区汇集在一起。这可能是由于固体废物虽然扩散性相对较弱，但是其自身相对稳定，存在可运输的特点，无须和大气污染物、废水一样要求本地化处理，固体废物往往采用运输后集中处理的方式进行销毁。

最后，本地能源技术进步偏向（lnDETC）对土壤环境也会产生净化作用。能源效率和经济增长对固体废物排放的影响并不显著，但需要注意的是经济增长的空间效应交互项（W * lnpGDP）在 10%水平上显著为负，表明邻地较高的经济增长水平将减少本地的固体废物排放。同样，本地能源消费（lnEC）的增加势必会造成本地土壤环境的恶化，而能源消费的空间交互项（W * lnEC）显示出如果邻地能源消费持续上涨则会对本地能源消费产生挤出作用，从而减少本地固体污染物的产生。这一现象也体现在产业结构的空间交互项上（W * lnIS），即如果邻地的产业结构偏重于工业化聚集，那么本地的固体废物也会相对减少，其环境质量将大幅提高，这可能是由于邻地工业化造成其能源消费上涨挤出了本地的能源消费所致。

四、空间效应的分解

根据前文分析，三种污染物排放物（$\ln SO_2$、lnWW、lnSW）作为被解释变量时都存在显著的空间效应，所以当某个解释变量发生变化时，不仅本地的污染排放和环境质量会受到影响，而且邻地的污染排放和环境质量也会随之发生变化，并再次对该解释变量产生影响，从而通过循环往复的反馈作用造成一系列连锁反应。

因此，借鉴 Zhao 等（2019），白俊红等（2017）以及邵帅等（2016）的研究思路，并且根据 LeSage 和 Pace（2009）的方法，将模型中解释变量对被解释变量的空间效应进行了分解。具体来说，本地某个影响因素发生变化对本地污染排放的直接影响为“直接效应”，它还包含了空间上的反馈作用，即本地这一影响因素变化对邻地污染排放造成影响，邻地污染排放又反过来影响本地污染排放这一循环往复的过程。而本地某个影响因素发生变化对邻地污染排放带来的影响为“间接效应”，即该解释变量的空间溢出效应。“直接效应”和“间接效应”之和称为总效应。具体来说，典型的 SDM 模型可以表述为

$$Y = \delta \mathrm{W} \mathrm{Y} + \alpha_n \beta_0 + \beta X + \theta \mathrm{W} \mathrm{X} + \varepsilon \tag{5-11}$$

等式（5-11）中，W 是空间权重矩阵，δ 为被解释变量的空间滞后项，θ 是解释变量的空间滞后项，代表了空间溢出效应，而 ε 代表了残差项。假设 $P(W) = (I_n - \delta W)^{-1}$，$I$ 是标准化方阵。因此，等式（5-11）左移 δWY，且两端同时乘以 $P(W)$ 后再设 $S_m(W) = P(W) \times (I_n\beta_m + \theta_m W)$，则等式（5-12）可以变为

$$Y = \sum_{m=1}^{i} S_m(W) X_m + P(W) \alpha_n \beta_0 + P(W) \varepsilon \tag{5-12}$$

由于空间权重矩阵（W）是一个和空间区域有关的矩阵，而 Y、X 等变量都属于向量，所以等式（5-12）可以改写为

$$
\begin{Bmatrix} Y_1 \\ Y_2 \\ \cdots \\ Y_{n-1} \\ Y_n \end{Bmatrix} = \sum_{m=1}^{i} \begin{Bmatrix} S_m(W)_{11} & S_m(W)_{12} & \cdots & S_m(W)_{1n} \\ S_m(W)_{21} & S_m(W)_{22} & \cdots & S_m(W)_{2n} \\ \cdots & \cdots & \cdots & \cdots \\ S_m(W)_{(n-1)1} & S_m(W)_{(n-2)2} & \cdots & S_m(W)_{(n-1)n} \\ S_m(W)_{n1} & S_m(W)_{n2} & \cdots & S_m(W)_{nn} \end{Bmatrix} \begin{Bmatrix} X_{1m} \\ X_{2m} \\ \cdots \\ X_{(n-1)m} \\ X_{nm} \end{Bmatrix}
$$

$$
+ P(W)(\alpha_n\beta_0 + \varepsilon) \tag{5-13}
$$

等式（5-13）中，n 表示变量总共的个数，$m \in \{1, 2, \cdots, i\}$ 表示第 m 个解释变量。参照空间计量及空间序列中关于矩阵变量相互间影响的解释（LeSage & Pace，2009），对角线上的元素代表了第 m 个空间位置上解释变量对本单元被解释变量的平均影响，即“直接效应”。而非对角线上的元素代表了第 m 号空间位置上解释变量对其他单元被解释变量的平均影响，即“间接效应”，也是空间溢出效应的体现。具体来说，“直接效应”计算式为 $S_m(W)_{ii} = \partial Y_i / \partial X_{im}$，“间接效应”计算式为 $S_m(W)_{ij} = \partial Y_i / \partial X_{jm}$，$i \neq j$，而两者之和就代表了总效应。

表 5-7 给出了基于表 5-4 至表 5-6 第（6）列结果计算得到的“直接效应”和“间接效应”。必须说明的是，如果前文中某个变量的回归系数不显著，则其直接效应和间接效应也不具有统计意义（LeSage & Pace，2009）。在后续解释中，本书将只对前文回归结果显著变量的直接效应和间接效应进行进一步讨论。

表 5-7 三种污染排放物的空间效应分解（矩阵：W^{BOTH}）

	$lnSO_2$		lnWW		lnSW	
	直接效应	间接效应	直接效应	间接效应	直接效应	间接效应
lnDETC	-0.141*** (-3.09)	-0.229 (-1.16)	-0.122** (-2.41)	-0.103 (-1.07)	-0.188* (-1.92)	-0.392 (-1.16)
lnEE	0.289* (1.94)	-0.779** (-2.15)	0.079 (0.41)	-0.195 (-0.76)	0.127 (0.55)	-0.480 (-0.71)
lnPOP	0.858 (1.06)	-1.241 (-0.89)	1.316* (1.89)	-1.086 (-1.10)	1.358 (0.97)	0.868 (0.77)
lnpGDP	-12.35 (-1.48)	-10.28 (-0.52)	-22.26*** (-3.06)	7.93 (0.52)	-15.39 (-1.44)	-63.03* (-1.94)

表5-7(续)

	$lnSO_2$		lnWW		lnSW	
	直接效应	间接效应	直接效应	间接效应	直接效应	间接效应
$lnpGDP^2$	1.388 (1.63)	1.013 (0.52)	2.496*** (3.28)	-1.065 (-0.68)	1.746 (1.56)	6.635* (1.95)
$lnpGDP^3$	-0.051* (-1.76)	-0.034 (-0.51)	-0.090*** (-3.46)	0.043 (0.80)	-0.064* (-1.66)	-0.229* (-1.93)
lnEC	0.722*** (2.74)	0.625 (1.39)	0.533** (1.98)	0.167 (0.56)	1.005* (1.74)	-0.850** (-2.14)
lnIS	-0.125 (-0.57)	-0.982** (-2.27)	-0.415 (-1.39)	0.068 (0.17)	-0.126 (-0.61)	-1.607*** (-3.59)
lnFDI	-0.014 (-0.25)	-0.304** (-2.37)	-0.032 (-0.45)	-0.079 (-0.88)	-0.061 (-1.06)	-0.230 (-1.40)
lnEP	0.120** (2.14)	0.043 (0.61)	0.135*** (2.75)	-0.068 (-1.05)	0.085** (2.34)	-0.044 (-0.86)

注：*、**、*** 表示10%、5%和1%显著水平，括号内显示 t 统计量。

总体来看，相同影响因素对环境质量的作用方向基本一致，但针对不同的污染物，其直接效应和间接效应的影响程度存在区别。首先，分析直接效应和间接效应对环境质量影响相似的部分。其中，能源技术进步偏向（lnDETC）对环境质量的改善作用主要由直接效应决定，即能源技术进步的清洁偏向只能起到优化本地环境质量的作用，而清洁能源技术的发展对邻地环境质量的影响相对较弱，能源技术进步偏向的环境效应主要体现在本地，较少对其他地区产生溢出效应。能源效率（lnEE）对本地环境质量的直接效应为正，但其间接效应为负，这表明能源效率对环境质量的影响可能体现在如下两个方面：其一，能源效率的提高将导致本地能源消费的上涨，从而不利于本地环境质量的提升，这是直接效应为正的主要原因。其二，能源效率提高在带动本地能源消费增加的同时对相邻地区的能源消费产生了一定的挤出作用，以此改善了邻地的环境质量，这是间接效应为负的解释。当然这主要体现在能源效率对二氧化硫的作用上，以废水和固体废物代表环境质量时上述作用虽然存在但统计不显著。

此外，经济发展及其高次项（lnpGDP，$lnpGDP^2$，$lnpGDP^3$）的直接效应和间接效应显示，经济水平与本地废水排放（lnWW）和邻地固体废物排放（lnSW）之间存在显著的倒N型关系。这一结果表明，随着技术水平的提高，本地的工业废水基本和经济增长实现脱钩。对工业二氧化硫和工业废水为被解释变量的模型来说，能源消费（lnEC）的增加会导致其本地排放量的上升，但对相邻地区这两种污染物排放的作用并不显著。对工业固体废物而言，能源消费的增加导致本地固体废物排放量的上升，同时邻地固体废物排放量会因此下降。对工业二氧化硫和工业固体废物来说，第二产业比重增加（lnIS）对相邻地区的溢出效应表现为负。一般来说，一个地区第二产业比重的较快增长很多时候是通过周边发达地区将污染产业向其转移来实现的，这一过程往往会伴随显著的污染“泄漏效应”。因此，一个地区工业比重的增加可能伴随着高污染产业转移而使得邻近转出地区的环境污染相对减少。外商直接投资（lnFDI）仅对邻地二氧化硫减排起到了积极的推动作用，对其他污染物的净化作用并不显著。潜在解释是地方政府盲目追求外商投资的总量忽视了 FDI 的环保要求，从而使 FDI 丧失了对环境的优化能力。最后，对三种污染物而言，环境政策（lnEP）并不利于本地环境质量的改善，这主要归结于本地环境政策的行政命令化导致的环境规制未能有效推动清洁技术发展。

五、稳健性检验

为了使本章节实证部分的结果更加稳健，我们进行了如下三种形式的稳健性检验。其一，采用 POLS 方法对基准回归结果进行比较分析，以此确定变量间因果关系的稳健性。其二，考虑不同的空间权重矩阵对回归结果进行对比检验，以此尽可能减少空间权重矩阵选取等主观因素对回归结果的干扰。其三，寻找合理的替代指标重新衡量能源技术进步偏向。

（一）考虑不同回归方法的稳健性检验

实际上在前文的基准回归中我们已经估计了固定效应（FE）下的面板模型，结果如表 5-3 所示。随后，我们使用空间杜宾模型（SDM）试图解决被解释变量及解释变量潜在的空间相关性，结果如表 5-4 至表 5-6 所示。接下来为了使实证结果更加稳健，本书将以地区时间双固定效应的形式进行混合回归（POLS），以此对比固定效应模型的估计结果，如表 5-8 所示。

表 5-8 考虑不同回归方法的稳健性检验

变量	$lnSO_2$		lnWW		lnSW	
	(1)	(2)	(3)	(4)	(5)	(6)
lnDETC	-0.100** (-2.02)	-0.105** (-2.07)	-0.125** (-2.35)	-0.122** (-2.31)	-0.137** (-2.33)	-0.145** (-2.35)
lnEE	—	0.060 (0.77)	—	-0.042 (-0.53)	—	0.111 (1.03)
lnPOP	0.523 (1.48)	0.582 (1.59)	0.888*** (2.74)	0.847*** (2.60)	1.258*** (3.17)	1.367*** (3.05)
lnpGDP	-22.82*** (-4.62)	-22.93*** (-4.63)	-19.03*** (-4.02)	-18.96*** (-4.01)	-30.02*** (-4.84)	-30.21*** (-4.78)
$lnpGDP^2$	2.501*** (4.88)	2.514*** (4.90)	2.092*** (4.25)	2.083*** (4.24)	3.241*** (5.07)	3.265*** (5.00)
$lnpGDP^3$	-0.090*** (-5.14)	-0.091*** (-5.17)	-0.075*** (-4.47)	-0.074*** (-4.46)	-0.114*** (-5.23)	-0.115*** (-5.15)
lnEC	0.600*** (4.01)	0.662*** (3.52)	0.456*** (3.36)	0.414** (2.45)	0.946*** (5.63)	1.059*** (4.57)
lnIS	-0.067 (-0.37)	-0.057 (-0.32)	-0.250 (-1.15)	-0.257 (-1.17)	-0.134 (-0.85)	-0.116 (-0.74)
lnFDI	-0.067* (-1.83)	-0.072* (-1.95)	-0.079* (-1.88)	-0.076* (-1.84)	-0.081* (-1.89)	-0.090** (-2.07)
lnEP	0.045** (2.03)	0.046** (2.09)	0.067*** (3.21)	0.066*** (3.16)	0.108*** (4.21)	0.111*** (4.21)
Cons	60.21*** (3.85)	60.15*** (3.84)	53.61*** (3.76)	53.65*** (3.75)	82.17*** (4.31)	82.06*** (4.26)
时间	控制	控制	控制	控制	控制	控制
地区	控制	控制	控制	控制	控制	控制
Obs	480	480	480	480	480	480
R^2	0.9091	0.9092	0.8787	0.8788	0.9334	0.9336

注：*、**、*** 表示 10%、5%和 1%显著水平，括号内显示 t 统计量，Cons 表示常数项，Obs 为样本观测量。

与表 5-3 的结果相比，表 5-8 的结果基本稳定，主要结论并未发生变化，即关键解释变量回归系数的正负号及显著性均未发生重大改变。具体来说，在第（1）、（3）、（5）列回归结果的基础上引入能源效率（lnEE），第（2）、（4）、（6）列的估计结果显示，能源技术进步偏向（lnDETC）的回归系数依旧为负，表明能源技术进步的清洁偏向对三种污染物仍然能够产生抑制作用。举例来说，能源技术进步偏向朝清洁方向每转变1%，工业二氧化硫排放将减少0.1%，工业废水排放将减少0.12%，工业固体废物排放将减少0.15%，对工业固体废物的减排作用依旧最强。此外，能源效率（lnEE）提高对环境的影响并不显著。环境质量与经济增长之间的关系为倒N型。并且，对三种污染物而言，只要能源消费（lnEC）上涨，其排放量就会提高，从而环境质量就会下降。环境政策（lnEP）依旧未起到优化环境质量的作用，反而加剧了污染排放。

与SDM的回归结果相比，表5-8的核心结论也未发生本质变化，即对三种污染物来说，能源技术进步的清洁偏向始终可以减少其污染排放，并以此优化环境质量。其余回归结果仅存在少数区别，这些区别主要在于：①如果考虑空间效应，仅废水支持EKC曲线的倒N型关系，而二氧化硫和经济增长之间表现出倒U型关系，而非OLS回归时的倒N型关系。②如果考虑空间效应，除二氧化硫之外，FDI对废水和固体废物排放的影响并不显著。③如果考虑空间效应，人口规模对三种污染排放物的影响均不显著。

（二）考虑不同空间权重矩阵的稳健性检验

接下来，本书将采用地理距离权重矩阵（W^{GEO}）替代经济地理复合嵌套矩阵（W^{BOTH}）对空间面板回归结果进行稳健性检验。这样做是由于有研究认为，相比经济距离，大多数污染物至少存在物理空间上的关联性（林伯强 等，2010；邵帅 等，2016），因此探讨污染物的空间效应至少应该包含地理因素。回归结果如表5-9所示。

表5-9 考虑不同空间权重矩阵的稳健性检验（矩阵：W^{GEO}）

变量	$lnSO_2$	lnWW	lnSW
	（1）	（2）	（3）
rho（ρ）	0.352*** （3.87）	0.142* （1.79）	0.248*** （3.55）
lnDETC	−0.117** （−2.31）	−0.139*** （−2.74）	−0.170* （−1.78）
lnEE	0.087 （0.69）	−0.021 （−0.14）	0.008 （0.04）

表5-9(续)

变量	$lnSO_2$	lnWW	lnSW
	(1)	(2)	(3)
lnPOP	0.863 (1.10)	0.987 (1.47)	0.878 (0.97)
lnpGDP	-17.88* (-1.75)	-27.93*** (-3.56)	-21.93* (-1.73)
$lnpGDP^2$	2.002* (1.92)	3.079*** (3.81)	2.364* (1.80)
$lnpGDP^3$	-0.074** (-2.08)	-0.110*** (-4.01)	-0.084* (-1.86)
lnEC	0.777*** (2.81)	0.474* (1.92)	0.771** (2.42)
lnIS	-0.026 (-0.10)	-0.560* (-1.82)	-0.127 (-0.60)
lnFDI	-0.049 (-0.91)	-0.059 (-0.81)	-0.035 (-0.61)
lnEP	0.056** (1.99)	0.045* (1.69)	0.081*** (2.80)
W * lnDETC	-0.131 (-0.80)	-0.230** (-2.00)	-0.301 (-1.11)
W * lnEE	0.124 (0.22)	-0.556** (-2.03)	-0.814** (-1.99)
W * lnPOP	0.650 (0.57)	0.695 (0.62)	1.435 (1.46)
W * lnpGDP	-6.259 (-0.23)	-1.587 (-0.09)	-32.20* (-1.81)
W * $lnpGDP^2$	0.769 (0.29)	0.077 (0.04)	3.716* (1.91)
W * $lnpGDP^3$	-0.031 (-0.36)	-0.002 (-0.02)	-0.136* (-1.94)
W * lnEC	-0.104 (-0.16)	0.100 (0.25)	-1.541*** (-2.96)
W * lnIS	-0.877 (-1.53)	-0.648 (-1.32)	-1.824*** (-3.46)

表5-9（续）

变量	$lnSO_2$	lnWW	lnSW
	（1）	（2）	（3）
W * lnFDI	-0.288* (-1.86)	-0.169 (-1.46)	-0.335 (-1.50)
W * lnEP	-0.046 (-0.73)	-0.037 (-0.67)	-0.115* (-1.82)
Obs	480	480	480
R^2	0.529	0.406	0.857

注：*、**、*** 表示 10%、5%和 1%显著水平，括号内显示 t 统计量，Obs 为样本观测量。

不难发现，在地理距离权重矩阵的条件下，能源技术进步偏向（lnDETC）朝清洁方向发展时同样会对三种污染物起到净化作用，清洁能源技术的提高势必能够改善环境质量。同时，与表 5-4 至表 5-6 的结果相比，工业二氧化硫、工业废水和工业固体废物自身的空间效应（rho）并未发生方向性改变，依旧表现出高污染地区和高污染地区聚集，低污染地区和低污染地区聚集的正相关趋势，环境质量的空间效应的确存在。经济增长及其高次项（lnpGDP，$lnpGDP^2$，$lnpGDP^3$）的回归系数依旧为“负、正、负”，支持 EKC 假说所提及的非线性关系，即环境质量随经济增长呈现出倒 N 型的变化趋势。能源消费（lnEC）依旧会增加污染排放，环境政策（lnEP）依然未能达到保护环境的目的。

（三）考虑替代指标的稳健性检验

为了找到能源技术进步偏向合理的替代指标进行稳健性检验，我们借鉴董直庆和王辉（2019）的研究，采用每万名研发人员清洁能源技术专利的申请数（lnpTECH）来表征清洁能源技术的产出能力。显然，清洁能源专利的产出能力越强，能源技术进步的清洁偏向也就越明显。因此，本书以每万名研发人员清洁能源技术专利的申请数作为能源技术进步偏向的替代指标。考虑替代指标后，首先采用混合 OLS 方法进行估计，结果如表 5-10所示。

表 5-10 考虑替代指标的稳健性检验（POLS）

变量	$lnSO_2$		lnWW		lnSW	
	(1)	(2)	(3)	(4)	(5)	(6)
lnpTECH	-0.108*** (-3.72)	-0.110*** (-3.77)	-0.102*** (-3.51)	-0.100*** (-3.48)	-0.129*** (-3.23)	-0.133*** (-3.18)
lnEE	—	0.069 (0.85)	—	-0.041 (-0.50)	—	0.111 (1.03)
lnPOP	0.481 (1.38)	0.547 (1.52)	0.844*** (2.65)	0.805** (2.51)	1.211*** (3.10)	1.317*** (3.00)
lnpGDP	-22.16*** (-4.36)	-22.25*** (-4.37)	-18.19*** (-3.92)	-18.14*** (-3.92)	-29.10*** (-4.46)	-29.24*** (-4.40)
$lnpGDP^2$	2.434*** (4.63)	2.445*** (4.64)	2.005*** (4.16)	1.999*** (4.15)	3.146*** (4.69)	3.164*** (4.63)
$lnpGDP^3$	-0.088*** (-4.89)	-0.088*** (-4.91)	-0.072*** (-4.38)	-0.071*** (-4.37)	-0.111*** (-4.86)	-0.112*** (-4.79)
lnEC	0.609*** (4.12)	0.680*** (3.64)	0.471*** (3.51)	0.429** (2.55)	0.962*** (5.77)	1.076*** (4.65)
lnIS	-0.088 (-0.48)	-0.077 (-0.43)	-0.268 (-1.23)	-0.275 (-1.25)	-0.153 (-0.97)	-0.135 (-0.86)
lnFDI	-0.056 (-1.55)	-0.061* (-1.69)	-0.066 (-1.55)	-0.063 (-1.52)	-0.067 (-1.55)	-0.074* (-1.75)
lnEP	0.044** (1.99)	0.045** (2.06)	0.067*** (3.22)	0.066*** (3.17)	0.108*** (4.24)	0.111*** (4.25)
Cons	57.87*** (3.60)	57.68*** (3.59)	50.79*** (3.64)	50.90*** (3.63)	79.11*** (3.92)	78.82*** (3.86)
时间	控制	控制	控制	控制	控制	控制
地区	控制	控制	控制	控制	控制	控制
Obs	480	480	480	480	480	480
R^2	0.9116	0.9118	0.8809	0.8810	0.9343	0.9345

注：*、**、*** 表示 10%、5%和 1%显著水平，括号内显示 t 统计量，Cons 表示常数项，Obs 为样本观测量。

结果表明，以每万名研发人员清洁能源技术专利申请数（lnpTECH）为主要解释变量，替代能源技术进步偏向的回归结果仍然在 1%显著水平上为负，这表明清洁能源技术的快速发展势必能够对环境质量起到优化作用。具体而言，第（2）、（4）、（6）列的估计结果显示，清洁能源技术的产出能力每提高1%，二氧化硫将减排0.11%，废水将减排0.1%，固体废物也将减排0.13%。同时，经济增长及其高次项（lnpGDP，$lnpGDP^2$，$lnpGDP^3$）依旧支持三种污染物和经济发展之间的倒N型关系，但是其系数值更小，据此可以认为在仅考虑清洁能源技术快速发展的情况下，环境质量与经济发展的拐点可能提前到来。此外，能源消费（lnEC）和环境政策（lnEP）依旧会使得污染排放增加，从而造成环境质量恶化。同样，除二氧化硫之外，人口规模（lnPOP）的扩大会导致废水和固体废物排放的增加。如表5-11所示。

表5-11 考虑替代指标的稳健性检验（固定效应）

变量	$lnSO_2$		lnWW		lnSW	
	（1）	（2）	（3）	（4）	（5）	（6）
lnpTECH	-0.118*** (-4.68)	-0.120*** (-4.72)	-0.102*** (-4.27)	-0.098*** (-4.06)	-0.196*** (-3.25)	-0.195*** (-3.19)
lnEE	—	0.051 (0.64)	—	-0.115 (-1.56)	—	-0.026 (-0.29)
lnPOP	0.278 (1.13)	0.305 (1.22)	0.221 (0.95)	0.162 (0.68)	0.808*** (2.80)	0.795*** (2.71)
lnpGDP	-15.80*** (-3.27)	-15.99*** (-3.31)	-18.83*** (-4.12)	-18.39*** (-4.02)	-36.34*** (-6.42)	-36.24*** (-6.39)
$lnpGDP^2$	1.761*** (3.52)	1.780*** (3.55)	2.018*** (4.26)	1.973*** (4.17)	3.847*** (6.57)	3.837*** (6.53)
$lnpGDP^3$	-0.065*** (-3.80)	-0.066*** (-3.83)	-0.072*** (-4.40)	-0.070*** (-4.29)	-0.133*** (-6.61)	-0.133*** (-6.56)
lnEC	0.809*** (8.60)	0.854*** (7.27)	0.383*** (4.29)	0.279** (2.51)	0.659*** (5.98)	0.636*** (4.61)
lnIS	0.162 (1.35)	0.181 (1.46)	-0.005 (-0.04)	-0.049 (-0.41)	-0.047 (-0.33)	-0.057 (-0.39)
lnFDI	-0.080** (-2.24)	-0.085** (-2.32)	-0.086** (-2.52)	-0.075** (-2.18)	-0.105** (-2.49)	-0.102** (-2.39)
lnEP	0.044** (2.22)	0.045** (2.26)	0.058*** (3.12)	0.056*** (3.01)	0.080*** (3.49)	0.080*** (3.46)
Cons	41.32*** (2.74)	41.89*** (2.77)	60.65*** (4.24)	59.34*** (4.15)	109.0*** (6.16)	108.7*** (6.12)

表5-11(续)

变量	$lnSO_2$		lnWW		lnSW	
	(1)	(2)	(3)	(4)	(5)	(6)
Hausman test	23.21*** (0.006)	23.58*** (0.009)	31.16*** (0.000)	32.51*** (0.000)	28.79*** (0.001)	27.22*** (0.002)
F test	50.96*** (0.000)	45.84*** (0.000)	21.62*** (0.000)	19.76*** (0.000)	225.08*** (0.000)	202.16*** (0.000)
Obs	480	480	480	480	480	480
R^2	0.509	0.510	0.306	0.310	0.821	0.822

注：*、**、*** 表示10%、5%和1%显著水平，括号内是 t 统计量。Hausman test，F test 的括号中显示 p 值。固定效应汇报组内 R^2，Cons 表示常数项，Obs 为样本观测量。

其次，表5-11显示了面板固定效应（FE）模型的估计结果。与表5-3相比，表5-11中每万名研发人员清洁能源技术专利申请数（lnpTECH）回归系数的正负号未发生方向性变化，系数显著性也未产生严重偏离，预示着清洁能源技术专利产出能力的提高的确能够减少工业二氧化硫、工业废水和工业固体废物的排放。此外，经济增长（lnpGDP）、能源消费（lnEC）、外商直接投资（lnFDI）和环境政策（lnEP）对三种污染物的作用和表5-3的回归结果基本相同。上述稳健性检验的结果表明：只要清洁能源技术专利产出能力提高，环境质量就会得到改善，这进一步验证了能源技术进步的清洁偏向对环境质量的改善作用。

最后，我们将采用每万名研发人员清洁能源技术专利申请数（lnpTECH）代替能源技术进步偏向（lnDETC）对空间面板模型（SDM模型）的估计结果进行回归分析，以此完成稳健性检验，结果如表5-12所示。

表5-12 考虑替代指标的稳健性检验（空间面板，MLE方法）

变量	$lnSO_2$	lnWW	lnSW	$lnSO_2$	lnWW	lnSW
	空间权重矩阵：W^{BOTH}			空间权重矩阵：W^{GEO}		
rho（ρ）	0.165** (2.51)	0.095 (1.12)	0.173*** (4.19)	0.281*** (3.45)	0.142* (-1.89)	0.248*** (3.55)
lnpTECH	-0.113*** (-3.53)	-0.131** (-2.50)	-0.171* (-1.89)	-0.091** (-2.36)	-0.139*** (-2.74)	-0.170* (-1.78)

表5-12(续)

变量	$lnSO_2$	lnWW	lnSW	$lnSO_2$	lnWW	lnSW
	空间权重矩阵：W^{BOTH}			空间权重矩阵：W^{GEO}		
lnEE	0. 120 (1. 07)	−0. 024 (−0. 16)	0. 060 (0. 30)	0. 063 (0. 51)	−0. 021 (−0. 14)	0. 008 (0. 04)
lnPOP	0. 814 (1. 01)	1. 204* (1. 78)	1. 235 (0. 89)	0. 838 (1. 12)	0. 987 (1. 47)	0. 878 (0. 97)
lnpGDP	−13. 58 (−1. 50)	−23. 89*** (−3. 14)	−15. 98 (−1. 45)	−16. 18 (−1. 58)	−27. 93*** (−3. 56)	−21. 93* (−1. 73)
$lnpGDP^2$	1. 548* (1. 68)	2. 680*** (3. 37)	1. 801 (1. 57)	1. 817* (1. 74)	3. 079*** (3. 81)	2. 364* (1. 80)
$lnpGDP^3$	−0. 057* (−1. 85)	−0. 097*** (−3. 57)	−0. 066* (−1. 67)	−0. 067* (−1. 88)	−0. 110*** (−4. 01)	−0. 084* (−1. 86)
lnEC	0. 749*** (2. 84)	0. 543** (2. 08)	0. 969** (1. 96)	0. 781*** (2. 94)	0. 474* (1. 92)	0. 771** (2. 42)
lnIS	−0. 205 (−0. 83)	−0. 485 (−1. 57)	−0. 143 (−0. 68)	−0. 071 (−0. 29)	−0. 560* (−1. 82)	−0. 127 (−0. 60)
lnFDI	−0. 003 (−0. 05)	−0. 049 (−0. 63)	−0. 053 (−0. 98)	−0. 034 (−0. 67)	−0. 059 (−0. 81)	−0. 035 (−0. 61)
lnEP	0. 055* (1. 90)	0. 056** (2. 08)	0. 073*** (2. 59)	0. 048* (1. 73)	0. 045* (1. 69)	0. 081*** (2. 80)
W * lnpTECH	−0. 127* (−1. 90)	−0. 107 (−1. 03)	−0. 288 (−1. 07)	−0. 204*** (−3. 50)	−0. 230** (−2. 00)	−0. 301 (−1. 11)
W * lnEE	−0. 584* (−1. 87)	−0. 430** (−1. 98)	−0. 669 (−1. 53)	0. 062 (0. 11)	−0. 556** (−2. 03)	−0. 814** (−1. 99)
W * lnPOP	−0. 515 (−0. 40)	−0. 726 (−0. 65)	0. 523 (0. 40)	0. 180 (0. 15)	0. 695 (0. 62)	1. 435 (1. 46)
W * lnpGDP	−17. 49 (−0. 96)	1. 015 (0. 06)	−51. 45** (−2. 10)	−6. 822 (−0. 26)	−1. 587 (−0. 09)	−32. 20* (−1. 81)
W * $lnpGDP^2$	1. 793 (0. 98)	−0. 321 (−0. 18)	5. 420** (2. 13)	0. 812 (0. 31)	0. 077 (0. 04)	3. 716* (1. 91)
W * $lnpGDP^3$	−0. 061 (−1. 00)	0. 016 (0. 27)	−0. 187** (−2. 13)	−0. 031 (−0. 37)	−0. 002 (−0. 02)	−0. 136* (−1. 94)
W * lnEC	0. 307 (0. 67)	0. 154 (0. 46)	−0. 850*** (−2. 60)	0. 038 (0. 06)	0. 100 (0. 25)	−1. 541*** (−2. 96)

表5-12(续)

变量	$\ln SO_2$	lnWW	lnSW	$\ln SO_2$	lnWW	lnSW
	空间权重矩阵：W^{BOTH}			空间权重矩阵：W^{GEO}		
W * lnIS	-1.184^{***} (−3.88)	−0.269 (−0.69)	-1.517^{***} (−4.70)	-0.901^{*} (−1.74)	−0.648 (−1.32)	-1.824^{***} (−3.46)
W * lnFDI	-0.277^{**} (−2.40)	−0.103 (−1.09)	−0.209 (−1.51)	−0.238 (−1.56)	−0.169 (−1.46)	−0.335 (−1.50)
W * lnEP	-0.104^{***} (−2.85)	−0.062 (−1.33)	-0.103^{*} (−1.68)	−0.096 (−1.62)	−0.037 (−0.67)	-0.115^{*} (−1.82)
Obs	480	480	480	480	480	480
R^2	0.588 7	0.394 8	0.853 5	0.561 8	0.406 1	0.857 3

注：*、**、*** 表示10%、5%和1%显著水平，括号内是 t 统计量。使用两种空间权重矩阵 W^{BOTH} 和 W^{GEO}。Obs为样本观测量。

表5-12的回归结果与表5-4至表5-6的关键结论基本一致，在考虑了被解释变量和解释变量潜在的空间效应以后，清洁能源技术专利的产出能力（lnpTECH）依旧与三种污染物所代表的环境质量（$\ln SO_2$、lnWW、lnSW）呈负相关关系，即如果清洁能源技术专利的产出能力增强，那么环境质量势必将得到改善。此外，经济增长及其高次项、能源消费以及环境规制等影响因素的回归系数符号均未发生方向性变化。因此，用清洁能源技术专利的产出能力替代能源技术进步偏向后并不影响模型的主要估计结果，本章节的实证结论基本是稳健的。

第四节　进一步分析：经济与环境的“双赢”

“绿水青山就是金山银山”是指能源技术进步偏向能否在助力经济增长的同时实现环境保护，这是经济可持续高质量发展的关键目标之一。因此，借鉴王林辉等（2020）的研究，进一步考察能源技术进步偏向在改善环境质量的同时能否起到促进经济持续增长的作用，即对能源技术进步偏向的增长效应进行检验。此时被解释变量为人均GDP，主要解释变量是能源技术进步偏向（lnDETC）及其二次项（$\ln DETC^2$）。因此，设定如下回归方程：

$$\begin{aligned}\text{lnpGDP}_{it} &= \alpha + \beta_1 \text{lnEDTC}_{it} + \beta_2 \text{lnEDTC}_{it}^2 \\ &+ \sum \text{Control}_{it} + \gamma_i + \mu_t + \varepsilon_{it}\end{aligned} \tag{5-14}$$

控制变量（Control）的选取与前文相同，在此不做赘述，回归结果如表 5-13 所示。

表 5-13　能源技术进步偏向的增长效应

变量	lnpGDP			
	(1)	(2)	(3)	(4)
lnDETC	-0.045*** (-3.82)	-0.040*** (-4.35)	—	—
lnDETC^2	0.204*** (4.04)	0.168** (1.97)	—	—
lnpTECH	—	—	-0.025** (-2.42)	-0.032*** (-3.44)
lnpTECH^2	—	—	0.152*** (10.86)	0.092*** (7.55)
lnEE	—	0.556*** (16.40)	—	0.431*** (13.50)
lnEC	0.882*** (36.63)	1.100*** (51.52)	0.798*** (33.52)	1.003*** (41.17)
lnIS	-0.444*** (-6.33)	-0.232*** (-3.22)	-0.428*** (-6.25)	-0.218*** (-3.04)
lnFDI	0.300*** (28.15)	0.101*** (6.62)	0.228*** (25.69)	0.118*** (9.73)
lnEP	-0.015 (-0.93)	-0.049*** (-3.51)	-0.141*** (-8.51)	-0.061*** (-3.97)
Cons	6.890*** (20.85)	8.762*** (29.70)	7.515*** (23.95)	8.433*** (29.61)
时间	控制	控制	控制	控制
地区	控制	控制	控制	控制
Obs	480	480	480	480
R^2	0.8766	0.9304	0.9110	0.9372
拐点的 DETC	—	0.2432	—	0.3411

注：*、**、*** 表示 10%、5%和 1%显著水平，括号内显示 t 统计量，Cons 表示常数项，Obs 为样本观测量。

表5-13中，第（1）列和第（2）列能源技术进步偏向的一次项（lnDETC）显著为负，其二次项（$lnDETC^2$）则显著为正，显示出能源技术进步的清洁偏向对经济增长的影响表现出先抑后扬的U型曲线特征。这一结果同样体现在第（3）、（4）列能源技术进步偏向的替代变量（lnpTECH）中。不难发现，现阶段能源技术进步偏向并未实现经济与环境的协同发展。这可能是因为当前中国传统能源技术无论是在工业或民用领域依旧占据主导地位，提高能源技术进步的清洁偏向势必要加强清洁能源技术进步，这样做可能会对传统能源技术产生一定的"挤出"作用，那么传统能源技术的发展速度就会因此减缓。此时传统能源技术发展减速造成的生产力损失超过清洁能源技术发展带来的生产力提高，因此总产出会随之下降。但是，随着清洁能源技术的持续进步，这一部分损失又会再一次被清洁能源技术发展带来的生产力提高所弥补，从而使能源技术进步偏向的增长效应表现出U型曲线特征。

进一步找到U型曲线的拐点。拐点处，能源技术进步偏向的强度值小于0.5，可以认为此时的传统能源技术相对占优，在拐点左侧发展清洁能源技术可能会抑制产出的增长，而右侧则会促进经济增长。这一结果表明，现阶段若要实现经济和环境协同发展，进一步完善清洁能源技术发展政策，能源技术进步的清洁偏向得到持续性加强才是关键所在。其余变量的回归结果表明，能源效率、能源消费和外商直接投资的提高能够推动经济进一步发展，这凸显出我国现阶段经济发展仍然基于粗放型的增长模式，经济绿色转型任重而道远。

第五节　本章小结

这一章节中，笔者使用2000—2015年中国30个省份的面板数据，基于STIRPAT模型和环境库兹涅兹曲线假说（EKC）构建了空间面板计量模型，具体来说是空间杜宾模型（SDM），并且将技术进步水平分解为"能源技术偏向"和"能源效率改进"，使用工业二氧化硫、工业废水以及工业固体废物这三种与能源使用息息相关的污染物来反映环境质量，以此对第三章理论分析中能源技术进步偏向可能存在的环境效应进行实证检验，即考察能源技术进步的清洁偏向能否起到减少污染、改善环境质量的作用。在此基础上，进一步分析了能源技术进步的清洁偏向在改善环境质量的同时能否促进经济增长。主要研究结论如下：

其一，能源技术进步的清洁偏向确实能够起到减少污染、改善环境质量的作用，而能源效率对环境质量的影响并不确定，该结果表明通过能源技术进步改善环境质量的先决条件是转变其发展方向，而非单纯改变其大小。此外，能源技术进步的清洁偏向对不同污染物的净化能力表现出非一致性。具体而言，其对工业固体废物的净化作用最强，工业废水次之，对工业二氧化硫减排的影响相对较弱。这提示我们能源技术进步偏向的减排路径也存在显著的差异。同时，在清洁能源内部，相关能源技术的非均衡发展趋势日趋突出，亟须合理分配清洁能源技术在风电、核能以及新能源汽车等相关领域的应用，以期最大化能源技术进步的清洁偏向对污染排放的净化作用。

其二，能源技术进步的清洁偏向主要对本地环境质量起到改善作用，而对邻地环境质量的影响相对较弱，即能源技术进步偏向的环境效应主要体现在本地区，对其他地区产生的溢出效应有限。显然，现阶段能源技术进步偏向对其他地区的溢出效应较小，这可能受限于各地区能源禀赋的异质性，也可能是因为各地区能源技术进步的清洁偏向强度不足。不管怎样，加强各地区能源技术合作交流，构建协调统一的污染处理及能源生产方式才能充分发挥清洁能源技术对环境的改善作用。

其三，在能源技术进步的清洁偏向推动下，工业二氧化硫、工业废水和工业固体废物和经济增长之间表现出倒 N 型 EKC 关系曲线。此外，当充分考虑空间效应时，这种倒 N 型 EKC 关系仅出现在工业废水和工业固体废物上，而工业二氧化硫和经济增长之间存在倒 U 型 EKC 关系。对中国各地区而言，工业二氧化硫、工业废水和工业固体废物三种污染物的空间效应对其自身排放均有显著影响，这表明省际环境污染的空间相关性正在逐渐增强，环境持续恶化的事实亟待改变。

其四，能源技术进步的清洁偏向对经济增长的作用呈现出 U 型曲线特征，这意味着在当前传统能源技术占优的条件下，转向发展清洁能源技术可能会对产出增长产生抑制作用。这一实证结果表明若要实现经济与环境的协同发展，需加快推进清洁技术进步，早日实现清洁能源产品对传统能源产品的全面替代。

上述研究结论对如何通过经济手段实现污染治理、加快推进生态文明建设具有重要的意义。其一，通过适当的环境政策引导企业积极开展清洁能源技术创新，加大政府对节能减排和传统能源清洁化技术的扶持力度，丰富清洁能源领域相关产品，以期实现清洁能源对传统能源的逐步替代，是实现能源技术进步清洁偏向的重中之重。其二，如何有效促进清洁能源技术发展亟待解决，行政命令式的环境政策并不能使能源技术进步表现出清洁偏向，而市场型的环境政策对清洁能源技术的激励作用可能更为突出，通过市场型的环境政策促使能源结构的清洁化，并建立健全相关机制以确保政策作用的持续性，是破除能源环境约束与经济发展之间的矛盾的关键。其三，不能仅依赖清洁技术的发展和创新，亟须实施区域性的传统能源（煤炭、石油、天然气）消费限制，持续推进传统能源的清洁化应用，在传统能源方向找到能源清洁化的有效着力点，以此强化能源技术进步的清洁偏向。其四，鉴于能源技术进步的传统偏向能够提高能源效率，在通过相关政策促进能源效率提高的同时，还需要采取配套政策对可能出现的“能源回弹”现象加以限制，以确保能效改进带来的环境效应得以实现。

第六章　“命令控制型”环境政策驱动能源技术进步偏向的效应评估

第一节　引言

这一章评估了“命令控制型”环境政策对能源技术进步偏向的驱动作用。长期以来，中国经济的高速发展始终建立在高投入、高消耗的基础上，这种粗放式增长模式带来了日渐严重的环境污染和生态系统失衡问题。在经济高质量发展的前提下，传统的经济发展模式已不可取，为了实现经济与环境的协同发展，不少学者越来越关注能源技术进步在助推经济发展和解决污染问题中难以替代的作用。这些研究大多认为，从源头上解决环境污染，能源技术进步的作用不可忽视，尤其是以清洁、绿色为偏向的能源技术发展趋势（Acemoglu et al., 2012；董直庆 等，2014；景维民和张璐，2014）是实现经济发展和环境保护双赢局面的关键所在。

然而需要注意的是，中国所面临的实际问题是传统能源在能源结构中的占比始终较高，传统能源技术可能更具发展优势。因此，由于“路径依赖”特征和“技术锁定效应”的存在（Aghion et al., 2016），仅依靠自由市场本身的作用，能源技术进步只会朝着有利于传统能源技术的方向发展，在这种情况下能源技术进步大多数时候会表现出传统偏向。虽然这种特征的能源技术偏向能够提高能源效率，但是却可能导致更多的传统能源消耗，环境压力势必也将持续上升，这便形成了中国式的“杰文斯悖论”能源环境困局。在这种情况下能否通过环境政策，推动能源技术进步朝清洁方向转变，是减少环境污染破除中国式“杰文斯悖论”困局的关键所在。

在有关环境政策和技术进步的研究中，“波特假说”最为突出。波特假说认为：适当的环境政策（或概念更加宏观的环境规制）对企业的技术创新会产生促进作用，从而使企业的生产效率提高，有利于企业产出，并最终实现环境保护和经济发展的双赢局面。然而，有关“波特假说”的后续研究表明，环境政策对技术进步的激励作用不一定立即起效，其同时受到“遵循成本”和“创新补偿”两种效应的影响（Lanoie et al.，2008）。而能源技术进步偏向不仅蕴含了两种不同类型能源技术对最终产出的贡献，而且还传递了能源技术在清洁和传统之间存在何种发展倾向，同样也是技术进步的一种表达方式（Acemoglu，2002）。根据前文的理论推导，适当的环境政策可以改变能源技术进步的偏向，使其朝清洁方向发展，即环境政策能够促进清洁能源技术进步。但是，有研究显示环境政策对清洁技术的作用呈非线性关系（张成 等，2011；景维民和张璐，2014；董直庆和王辉，2019）。因此，“命令控制型”环境政策能否改变能源技术进步偏向，以及该环境政策对能源技术进步偏向的转变作用朝何种方向发展，都是本书亟待验证的问题。

第二节　实证模型设定

一、计量模型的设定

本书第三章的理论分析表明，适当的环境政策会改变能源技术进步的偏向。在本书的研究中，“命令控制型”环境政策被认为是影响能源技术进步偏向的“政策性因素”。同时，依据 Noailly 和 Smeets（2015）、Acemoglu 等（2012）的研究，认为技术垄断厂商会根据研发两种类型能源技术（清洁能源技术、传统能源技术）带来的相对利润大小选择能源技术的发展偏向，所以能源技术进步偏向还受到“能源价格”和“技术存量”等其他因素的作用，这些因素被看作影响能源技术进步偏向的“市场性因素”。

因此，本章主要借鉴 Jaffe 和 Palmer（1997）以及董直庆和王辉（2019）的研究，并且纳入环境政策的二次项，以此检验“命令控制型”

环境规制政策影响能源技术进步偏向的政策效应。静态面板数据计量模型如下：

$$\mathrm{DETC}_{it} = \alpha + \beta_1 \mathrm{EP}_{it} + \beta_2 \mathrm{EP}_{it}^2 + \sum \mathrm{Control}_{it} + \gamma_i + \mu_t + \varepsilon_{it} \quad (6-1)$$

此外，为了考虑能源价格、技术存量等“市场性因素”对能源技术进步偏向的影响，在等式（6-1）的基础上纳入能源价格以及被解释变量（能源技术进步偏向）的滞后项。需要注意的是，纳入被解释变量滞后项这一做法还进一步缓解了能源价格和能源技术偏向之间潜在的内生性问题。动态面板数据计量模型如下：

$$\begin{aligned}\mathrm{DETC}_{it} &= \alpha + \beta_0 \mathrm{DETC}_{it-1} + \beta_1 \mathrm{EP}_{it} + \beta_2 E_{it}^2 + \beta_3 \mathrm{EPC}_{it} \\ &+ \sum \mathrm{Control}_{it} + \gamma_i + \mu_t + \varepsilon_{it}\end{aligned} \quad (6-2)$$

等式（6-2）中，DETC 表示能源技术进步偏向，用以衡量清洁能源技术和传统能源技术的相对强度和发展程度；EP 为“命令控制型”环境政策，其系数 β_1 和 β_2 反映了“命令控制型”环境政策及其二次项（EP^2）对能源技术进步偏向的影响，代表政策性因素的作用；而能源技术进步偏向的滞后一期（“DETC”$_{t-1}$）和能源价格（EPC）同时反映了市场性因素对能源技术进步偏向的作用。最后，为了尽可能减少遗漏变量带来的估计偏误，参考相关研究，控制了其他可能影响能源技术进步朝清洁方向发展的变量 Control，包括：研发投入（RD）、经济发展程度（pGDP）、外商直接投资（FDI）、政府行政管制（GOV）以及金融发展（FD）。γ 为地区固定效应，μ 为时间固定效应，ε 表示残差。

需要说明的是，动态面板数据模型一般采用差分 GMM 和系统 GMM 两种方式进行估计，该方法可以消除一部分潜在的内生性问题，这是由于通过对计量模型取一阶差分可以减少不随时变化的个体效应，从而弱化了逆向因果和遗漏变量带来的内生性问题。

二、变量的选取及测算

本章节使用中国 264 个地级市的面板数据进行研究，时间跨度为 2003—2016 年。由于数据缺失，本章数据不包含西藏所有的地级市以及港澳台地区。随后，将清洁能源和传统能源技术的专利申请数据与相关地级市相匹配，剔除统计时间较短的地区（如海南省的三沙市和儋州市，贵州省的毕节市和铜仁市等），剔除能源专利申请全部为 0 的地区（如甘肃省的嘉峪关市、金昌市、白银市等），剔除 FDI 数据缺失合计超过 5 年以上的地区（如宁夏回族自治区的石嘴山市、吴忠市、固原市等）。剩余地区少量数据缺失的部分采用线性插值法补充，总计 3 696 个样本对象构成平衡面板。

之所以选择 2003—2016 年作为研究时间段，主要出于以下考虑：①专利数据，专利从申请到公开一般需要经历 1—3 年的时间（王班班和齐绍洲，2016），所以需要考虑专利的滞后性，本书获取能源技术专利的时间为 2019 年，因此专利数据可信度较高的截止日期为 2016 年；② 2003 年之前大多数地区构建“命令控制型”环境政策指标的数据都难以获得或者数据质量较低，因此相关数据起始年份为 2003 年。

（一）被解释变量

能源技术进步偏向（Directed of Energy Technical Change，DETC）作为被解释变量。采用清洁能源技术专利申请数占全部能源技术专利申请数的比重来表示能源技术进步偏向。使用专利申请数表示而非专利授权数是因为在技术创新发生以后，如果该项技术创新存在产生垄断利润的可能，技术创新主体往往会立即申请专利保护，以此获得该技术的垄断收益。所以，专利申请和创新活动发生的时间最为接近，也最能反映该项技术的发展倾向（Popp，2002）。此外，由于本书所采用的专利限制于能源技术，相比专利的申请数而言，能源专利的授权数相对较少，若采用专利授权数可能会引发样本大量丢失，从而影响实证结果。

同时，无论是清洁能源还是传统能源，绝大部分都被用于一次能源生产（Noailly & Smeets，2015；林伯强和李江龙，2015）。因此，本书所涉及的清洁能源技术和传统能源技术主要指这两类能源的生产技术。其中，清洁能源技术分类依据“第四章的表 4-1”；传统能源技术分类依据“第四章的表 4-2”，据此查找上述两类专利在中国地区的申请数，数据来源与第四章相同。

（二）主要解释变量

环境政策（Environmental Policy，EP）是主要解释变量。“命令控制型”环境政策对技术进步的作用在众多文献中都有所涉及。这些研究既涉及企业微观层面，也涉及宏观层面，大多被认为适当的“命令控制型”环境政策（例如环境税、排污费、研发补贴等）可能会对技术进步及技术创新活动产生动态影响，尤其是绿色技术进步，短期内可能存在抑制作用，然而长期来看应该有利于整个部门的绿色技术进步。同时，传统能源及其相关技术的使用是导致全球气候问题和环境污染的关键所在，如何通过公共政策进行干预，在不损害经济发展的前提下达到预期的环境政策目标是全世界共同关注的话题（余东华和孙婷，2017；沈能和刘凤朝，2012）。因此，不同的文献由于其研究对象和范围的差别，构建了种类繁多的指标来表征“命令控制型”环境政策，以此对行业或地区的“命令控制型”环境政策的强度进行考量（赵玉民 等，2009）。

需要注意的是，中国各地区的经济发展差异较大，导致各地区对环境质量的需求不同，所以各地区的“命令控制型”环境政策的强度也存在较大差异。一般来说，东部沿海地区经济较为发达，而经济发达地区对环境质量的要求可能更高，其政策强度可能超过经济欠发达地区。不同地区政策强度不同，其对能源技术进步偏向的作用必定存在较大差异，因此“命令控制型”环境政策指标需要以结果反映事实。基于上述考虑，本书借鉴叶琴等（2018）、徐斌等（2019）以及董直庆和王辉（2019）的研究，计算污染物排放量的综合指标来表征各地区“命令控制型”环境政策的强度。该指标的具体构造方法如下：

首先，将各地区工业污染物排放量进行线性标准化。本书主要考虑工业二氧化硫排放、工业烟粉尘以及工业废水三类污染物的单位污染排放量（叶琴 等，2018；董直庆和王辉，2019），具体数据来源于历年《中国城市统计年鉴》和《中国环境统计年鉴》。线性标准化的计算方法如下：

$$\mathrm{DE}_{s,\ ijt} = \frac{\mathrm{DE}_{ijt} - \min(\mathrm{DE}_{jt})}{\max(\mathrm{DE}_{jt}) - \min(\mathrm{DE}_{jt})} \tag{6-3}$$

其中，DE_{ijt} 表示 t 时期、第 i 个地区、第 j 类污染物实际的单位污染排放量，$j \in (1,\ 2,\ 3)$，代表工业二氧化硫排放（SO_2）、工业烟粉尘（YC）和工业废水（WW）这三类污染物的排放量，max 和 min 表示 DE_{jt} 在 t 时期的最大值和最小值，$\mathrm{DE}_{s,\ ijt}$ 表示标准化后得到的污染排放相对值。

其次，设定各地区污染物排放的调整参数。这样做是由于不同地区的污染排放差异较大，部分地区二氧化硫排放较多、某些地区烟粉尘排放量较大，而且不同污染物的排放强度也大不相同。因此，设定调整参数作为权重，计算方法如下：

$$W_{jt} = \mathrm{DE}_{ijt} / \overline{\mathrm{DE}_{ij}} \tag{6-4}$$

$\overline{\mathrm{DE}_{ij}}$ 表示样本时间段内第 j 类污染物单位污染排放量的平均水平。

最后，得到各地区“命令控制型”环境政策强度（EP）为：

$$\mathrm{EP}_{it} = (1/3) \sum_{j=1}^{3} W_{jt} \times DE_{s,\ ijt} \tag{6-5}$$

（三）其他控制变量

1. 能源价格（Energy Price，EPC）

作为影响能源技术进步偏向的关键市场性因素（Acemoglu et al.，2012；Noailly & Smeets，2015），依据 Hicks（1932）的论述，某种要素价格上涨将会诱发与该要素相关的技术创新活动，称之为诱致性技术创新。同理，能源价格的上涨也将有助于提高企业的节能环保意识，推动清洁技术创新，即能源价格上涨对清洁能源技术进步可能存在诱致性作用（Popp，2002；陈宇峰和朱荣军，2018）。

具体而言，能源价格对技术进步的影响机制主要表现为：由于传统能源的供给价格弹性较小，一旦能源价格上涨，表明经济发展对传统化石能源的需求及消费增加，传统能源的市场均衡水平趋高，这使得企业使用能源要素的投入成本上升，而企业出于降低成本考虑可能会增加对清洁能源产品的需求，加大对清洁能源技术的研发投入。因此，当能源价格的上涨达到一定程度之后，清洁能源对传统化石能源的替代将更为有利可图。

然而，目前中国并没有关于能源价格的直接统计数据，需要通过计算获得各地区与之对应的能源价格。依据前文的分析，能源价格主要受传统能源消费的影响，而传统能源消费主要涉及煤炭、原油、天然气三种，同时各个地区对这三种传统能源的消费也存在巨大差异。例如：山西、内蒙古、贵州以及安徽等地主要消费煤炭几乎不消费原油和天然气；海南消费原油和天然气的比例超过 70%，远高于煤炭；辽宁、上海等地则对煤炭和原油的消费较为平均；四川、重庆和青海等地区则更多消费天然气。因此，借鉴 Lin 和 Li（2014）以及林伯强、刘泓讯（2015）的研究，采用煤炭价格、原油价格、天然气价格按照对应年份各省的能源消费结构加权平均得到综合的能源价格。具体做法如下：

首先：①对于煤炭价格标杆，取西北欧煤炭现货标杆年均价格、美国煤炭现货综合年均价格、亚洲煤炭期货标杆年均价格的平均值；②对于原油价格标杆，取迪拜原油期货年均价格、布伦特原油期货年均价格、美国西得克萨斯中质原油期货年均价格的平均值；③对于天然气价格标杆，取加拿大天然气现货年均价格、美国亨利中心天然气现货年均价格、俄罗斯天然气现货年均价格的平均值。上述能源价格以美元记，所以按人民币兑美元汇率年均值折算为按人民币记的能源价格，能源价格数据来源于 *BP Statistical Review of World Energy*（2019 年版），汇率数据来源于 Wind 金融数据终端。

其次，各地区能源消费结构数据经各地区统计年鉴及《中国能源统计年鉴》汇总而成，得到各地区煤炭、原油以及天然气消费量之和，并将其折算为标准煤表示，再计算煤炭、原油以及天然气消费量各自所占比例份额，记作 γ_{it} 。各地区能源消费结构综合后得到的能源价格计算方法如下：

$$\text{EPC}_t = \sum_{i=1}^{3} \gamma_{it} \times \text{PRICE}_{it} \times \text{TRANS}_i \tag{6-6}$$

其中，$i \in (1, 2, 3)$ ，表示煤炭价格、原油价格、天然气价格，PRICE_{it} 代表 t 时期的第 i 种能源的价格；γ_{it} 表示 t 时期的第 i 种能源在能源消费中所占的份额；TRANS_i 代表第 i 种能源和标准煤之间的转换系数，PRICE_{it} 和 TRANS_i 的 i 取相同值；EPC 表示计算后 t 时期的传统能源价格。此外，认为省内地区能源价格近似（叶琴 等，2018），所以每个地级市的能源价格用对应省级数据替代。

2. 研发投入（Research and Development，RD）

研发投入是技术进步的核心驱动因素（唐未兵 等，2014），专利又一直被视为企业研发投入和技术创新最为直接的产出，而一个部门的技术进步由该部门全体厂商的技术创新活动共同决定，所以研发投入的大小对专利有重要影响。一般认为研发投入越高，与之相关的专利产出越多，即研发投入对技术进步有促进作用。本书借鉴陈诗一和陈登科（2018）的研究，以各地区人均财政科技支出作为研发投入的代理变量。

3. 经济增长（pGDP）

通常以各地区人均 GDP 的变化作为经济增长的代理变量。本章节的人均 GDP 消除了价格因素影响，以 2003 年不变价计。为减少异方差和量纲影响，计算时取对数。

4. 外商直接投资（Foreign Direct Investment，FDI）

外商直接投资始终是中国技术引进的重要途径之一，不少研究表明 FDI 对中国技术进步的贡献巨大（傅元海 等，2010；江小涓和李蕊，2002），而能源技术进步偏向又属于一种技术进步的表达方式，那么外商直接投资究竟是引进了清洁能源技术还是带有污染特质的传统能源技术有待进一步考察。本书的 FDI 采用外商直接投资实际利用金额占 GDP 的比重来表示。为减少异方差和量纲影响，计算时取对数。

5. 政府行政管制（Government Administration，GOV）

一般来说，政府的管理意识越强，环境规制的参与程度就越高，能源技术进步就越可能产生清洁偏向。因此借鉴董直庆和王辉（2019）的研究，将其进行控制。采用地方政府财政支出与 GDP 的比值表示政府行政管制或政府在规制政策上的参与程度。为减少异方差和量纲影响，计算时取对数。

6. 金融发展（Financial Development，FD）

有研究发现，金融发展对技术进步同样存在显著的促进作用（钱水土和周永涛，2011），而能源技术进步偏向显示了清洁能源技术和传统能源技术之间的发展趋势，所以金融发展究竟会对能源技术进步偏向产生怎样的作用需进一步研究。一般而言，如果金融发展程度较高，融资约束就相对较低，企业就有更为充裕的资金开展清洁技术的研发（孙晓华 等，2015），所以能源技术进步的清洁偏向就会变得更为明显。与之相反，金融发展不足，企业出于生存考虑就会减少清洁能源技术的开发，转而从事传统技术，这会使能源技术进步表现出传统偏向。为了观察金融发展对能源技术进步偏向的影响，采用人均年末金融机构贷款余额表示金融发展程度。为减少异方差和量纲影响，计算时取对数。

三、变量的描述性统计

本章节所用到的数据参考及来源如下：①国家知识产权局；②中国专利数据库；③历年《中国城市统计年鉴》；④历年《中国能源统计年鉴》；⑤历年《中国环境统计年鉴》；⑥*BP Statistical Review of World Energy* 2019。表 6-1 显示了本章节计量模型所涉及变量的描述性统计结果。少量缺失数据采用线性插值法补充，从而构成平衡面板数据。

表 6-1　变量描述性统计结果

变量	中文名	均值	标准差	最小值	最大值	观测量
DETC	能源技术进步偏向	225.657	394.637 4	0	7 160.494	3 696
EP	环境规制	0.579	0.667	0	4.251	3 696
EPC	能源价格	513.970	154.844	157.353	1 001.255	3 696

表6-1(续)

变量	中文名	均值	标准差	最小值	最大值	观测量
RD	研发投入	97.394	314.062	0	10 481.140	3 696
lnpGDP	人均 GDP	10.094	0.806	4.595	13.056	3 696
lnpFDI	外商直接投资占（GDP 占比）	-4.398	1.258	-11.307	0	3 696
lnpGOV	政府行政管制（GDP 占比）	-2.011	0 . 434	-3.465	0.396	3 696
lnFDp	金融发展	10.216	1.039	7.597	14.303	3 696

从表 6-1 的描述性统计结果中可以发现部分特征化事实：

其一，各地区环境政策强度差异明显，最大值和最小值相差超过 4 倍，且均值不到 0.6，表明现阶段我国的环境政策强度总体较低，地区差异较大，环境政策协同不足的特点依旧存在。

其二，人均研发投入持续走高，世界知识产权组织（WIPO）的报告显示，2018 年中国地区全社会研发投入总量超过 1.9 万亿元人民币，占当年 GDP 的 2.2%左右，远超欧盟国家平均水平，仅次于美国居世界第二位，这表明中国的技术进步及创新实力都得到了极大的提高和重视。

其三，其余与城市特征相关的指标同样显示出中国各地级市的发展差距较大，地域性突出的特征。

第三节　实证结果分析

一、基准回归结果

依据前文的研究思路，首先对本章节设定的面板计量模型进行回归分析。第（1）列显示了混合 OLS 的回归结果，Hausman 检验显示固定效应（FE）比随机效应（RE）模型更适合用来估计静态面板模型，为了表明回归结果具备一定的稳健性，我们依然给出了随机效应模型的估计结果，第（2）列和第（3）列分别报告了随机效应和固定效应模型的估计结果，第（4）列和第（5）列报告了差分 GMM 和系统 GMM 对动态面板数据的回归结果，具体如表 6-2 所示。

表 6-2　环境政策对能源技术进步偏向的影响（基准回归结果）

变量	DETC				
	(1)	(2)	(3)	(4)	(5)
	POLS	RE	FE	Diff-GMM	Sys-GMM
EP	-122.0*** (-6.76)	-80.54*** (-4.94)	-49.45*** (-2.94)	-31.50*** (-5.51)	-28.17*** (-5.12)
EP^2	27.69*** (5.56)	26.55*** (4.68)	20.01*** (3.49)	11.99*** (5.04)	11.22*** (5.09)
L. DETC	—	—	—	0.317*** (49.80)	0.558*** (94.93)
EPC	-0.186*** (-8.35)	-0.120*** (-6.45)	-0.076*** (-4.02)	-0.002 (-0.73)	-0.005 (-1.31)
RD	0.110*** (2.65)	0.127*** (10.21)	0.135*** (10.53)	0.126*** (7.40)	0.111*** (6.74)
lnpGDP	-43.23** (-2.30)	-15.81 (-1.08)	-111.4*** (-6.13)	-94.02*** (-6.05)	-137.7*** (-11.20)
lnpFDI	0.573 (0.28)	-13.990*** (-4.38)	-15.750*** (-4.59)	-6.190*** (-4.85)	-2.090* (-1.77)
lnpGOV	-80.69*** (-5.51)	-18.91 (-1.46)	-24.38 (-1.24)	-36.29*** (-5.42)	-152.5*** (-17.12)
lnFDp	29.08** (1.99)	108.7*** (8.48)	219.5*** (11.10)	177.7*** (15.67)	258.1*** (27.10)
Cons	-625.7*** (-8.74)	-841.8*** (-9.32)	-1 063.6*** (-7.63)	-886.7*** (-11.79)	-1 485.4*** (-18.78)
时间	控制	控制	控制	控制	控制
地区	控制	控制	控制	否	否
R^2	0.251 2	0.288 0	0.296 4	—	—
Obs	3 696	3 696	3 696	3，168	3，432
Hausman test	—	174.26*** (0.000)	174.26*** (0.000)	—	—
AR (1) _P	—	—	—	0.016	0.010
AR (2) _P	—	—	—	0.349	0.464
Sargan_P	—	—	—	0.566	0.678

注：*、**、*** 表示 10%、5%和 1%显著水平，括号内是 t 统计量，固定效应和随机效应模型汇报组内 R^2，Cons 表示常数项，Obs 为样本观测量，地区控制到市级。

从初步的回归结果来看，“命令控制型”环境政策一次项（EP）的影响显著为负，意味着“命令控制型”环境政策对能源技术进步偏向（DETC）表现出明显的抑制作用，难以使其表现出清洁偏向。也就是说，“命令控制型”环境政策短期内不仅无法有效激励清洁能源技术创新，而且会对其产生负面效果。这主要是因为国内市场传统能源技术始终占优，企业研发清洁能源技术带来的产出增长有限，在自身利润最大化目标约束下，企业进行清洁能源技术研发的动力不足。这一研究结果与 Gray 和 Shadbegian（2003）以及董直庆和王辉（2019）的结论相近。

但需要注意的是，“命令控制型”环境政策二次项（EP^2）的影响则显著为正，意味着其对能源技术进步偏向（DETC）的作用表现出 U 型曲线特征，也就是说，能源技术进步的清洁偏向首先随着“命令控制型”环境政策强度的增加而降低，当相关政策执行到一定强度后，“命令控制型”环境政策就会对清洁能源技术创新产生激励作用，从而促进能源技术进步表现出清洁偏向。产生这一现象的原因可能在于，环境政策施行初期企业的“遵循成本”增加，从而对清洁能源技术研发产生了一定程度的挤出作用，后来随着清洁能源技术的提高，“创新补偿”带来的生产率提高抵消了环境政策带来的成本上升，并进一步激励清洁能源技术的发展。实际上，与之相似的结论在诸多有关环境政策（环境规制）和技术进步的研究中都有所提及（张成 等，2011；蒋伏心 等，2013；景维民和张璐，2014）。显然，能源技术进步偏向反映了清洁能源技术与传统能源技术的相对强弱，同样也是能源技术进步的一种表达形式，因此该结果证实了环境政策对能源技术进步偏向的转变作用能够朝清洁能源方向发展。

同时，表 6-2 的第（4）列和第（5）列则基于等式（6-2）给出了差分 GMM 和系统 GMM 的估计动态面板模型的结果。“命令控制型”环境政策一次项及其二次项（EP，EP^2）的估计系数未发生方向性改变，进一步验证了能源技术进步偏向和“命令控制型”环境政策之间的 U 型曲线关系。能源技术进步偏向的滞后项（L. DETC）在 1%水平上显著为正，表明前期的技术偏向会对当期造成影响，这证实了能源技术进步偏向可能存在的“路径依赖”特征和“技术锁定效应”，同时该结果还表明中国能源技术进步的清洁偏向正在逐步加强。此外，能源价格（EPC）对能源技术进步偏向的影响并不确定，但是有研究表明，能源价格对清洁能源技术创新存在诱致性作用（Popp，2002；王班班和齐绍洲，2016；陈宇峰和朱荣军，2018），从而间接影响了能源技术进步偏向。

其余控制变量的回归结果如下：外商直接投资（lnpFDI）对能源技术进步偏向的影响为负，表明外商直接投资未能有效促进中国的清洁能源技术发展；政府行政管制（lnpGOV）对能源技术进步偏向的影响为负，这可能是因为技术创新主要以企业为主体，当前简单粗暴的行政管理方式带给企业的负效用高于正面的积极引导作用，从而使行政管制对清洁能源技术发展的作用适得其反；研发投入（RD）对能源技术进步偏向呈正向影响，显然现阶段研发投入越高，能源技术进步的清洁偏向也就越发突出；经济发展（lnpGDP）会抑制能源技术进步表现出清洁偏向，表明随地区经济水平的提高，清洁能源技术水平不仅没有提高，反而显著下降。

二、分组回归结果

随后，本书将从分地区、分传统能源禀赋的视角出发，进一步研究能源技术进步的清洁偏向受到环境规制影响的异质性。

（一）分地区回归结果

中国地域辽阔，区域差异对估计结果带来的影响在诸多研究中都有所考虑，我们将 264 个地级市与 30 个省份相对应，在此基础上进行实证分析。下面汇报分地区的回归结果[①]，如表 6-3。

表 6-3　环境政策对能源技术进步偏向的影响（分地区的结果）

变量	DETC					
	(1)	(2)	(3)	(4)	(5)	(6)
	东部 FE	东部 Sys-GMM	中部 FE	中部 Sys-GMM	西部 FE	西部 Sys-GMM
EP	-119.300*** (-2.87)	-143.500*** (-43.00)	20.250 (1.39)	18.000*** (16.00)	4.163** (2.39)	7.928*** (3.06)
EP^2	49.700*** (3.13)	55.490*** (37.73)	-3.145*** (-2.62)	-1.668*** (-2.95)	-1.467** (-2.45)	-2.715*** (-3.37)
L. DETC	—	0.637*** (419.21)	—	0.351*** (67.72)	—	0.542*** (82.49)

① 东部：北京、天津、河北、辽宁、上海、江苏、浙江、福建、山东、广东、海南。中部：山西、吉林、黑龙江、安徽、江西、河南、湖北、湖南。西部：重庆、四川、贵州、云南、西藏、陕西、甘肃、宁夏、青海、新疆、广西、内蒙古。

表6-3(续)

变量	DETC					
	(1)	(2)	(3)	(4)	(5)	(6)
	东部 FE	东部 Sys-GMM	中部 FE	中部 Sys-GMM	西部 FE	西部 Sys-GMM
EPC	-0.128*** (-2.81)	-0.020*** (-21.01)	-0.067*** (-4.41)	-0.040*** (-50.40)	-0.067*** (-5.13)	-0.003** (-2.22)
RD	0.073*** (3.65)	0.028*** (31.84)	0.409*** (15.39)	0.334*** (73.51)	0.082* (1.76)	0.131*** (12.66)
lnpGDP	-174.300*** (-3.78)	-416.200*** (-119.29)	-28.030 (-1.41)	-8.930*** (-2.58)	-4.393 (-0.46)	-1.298 (-0.42)
lnpFDI	-16.340 (-1.50)	-11.480*** (-9.16)	1.616 (0.53)	4.101*** (14.84)	-0.904 (-0.50)	-3.039*** (-3.07)
lnpGOV	-85.060* (-1.69)	-176.400*** (-49.64)	5.525 (0.33)	-8.571*** (-3.66)	-6.063 (-0.48)	-36.180*** (-8.94)
lnFDp	367.60*** (7.68)	489.01*** (173.98)	117.30*** (5.70)	77.92*** (24.07)	61.71*** (5.30)	49.90*** (12.42)
Cons	-2 041.7*** (-5.25)	-1 150.9*** (-44.04)	-770.4*** (-6.34)	-802.4*** (-63.03)	-503.1*** (-6.03)	-546.6*** (-21.71)
时间	控制	控制	控制	控制	控制	控制
地区	控制	否	控制	否	控制	否
R^2	0.313 3	—	0.555 1	—	0.397 8	—
Obs	1 386	1 287	1 386	1 287	924	858
Hausman test	112.70*** (0.000)	—	189.07*** (0.000)	—	103.96*** (0.000)	—
AR (1) _P	—	0.015	—	0.000	—	0.001
AR (2) _P	—	0.231	—	0.615	—	0.680
Sargan_P	—	0.569	—	0.699	—	0.993

注：*、**、***表示10%、5%和1%显著水平，括号内是t统计量，固定效应模型汇报组内R^2，Cons表示常数项，Obs为样本观测量。

东中西部地区的比较分析。具体而言，表6-3中第（1）、（3）、（5）列显示了固定效应模型的估计结果，第（2）、（4）、（6）列显示了系统GMM的估计结果。不难发现，各地区“命令控制型”环境政策对能源技术进步偏向的影响表现出典型的异质性特征，结论与之相似的研究有宋马林和王舒鸿（2013）、王国印和王动（2011）。东部地区的估计结果表明，“命令控制型”环境政策对能源技术进步清洁偏向的影响表现出U型曲线关系，即环境规制会首先抑制能源技术进步表现出清洁偏向，而后随着环境政策强度的调整，能源技术进步的清洁偏向最终将得到加强。

与之相反，“命令控制型”环境政策对能源技术进步偏向的影响在中部和西部地区表现出先促进后抑制的倒U型作用。产生这一现象可能主要归因于地区间经济发展的差异和市场化意识的差距。随着经济的发展，企业对环境规制的反应将变得越发理性而不是盲目遵从（张成 等，2011），而在经济发展程度相对较弱的中西部地区对环境政策更多表现出“敷衍”的态度。总的来说，上述实证结果表明：环境政策确实能够起到驱动能源技术进步偏向发生转变的作用，但是不同地区环境政策对能源技术进步偏向的转变作用并不相同。总的来说，环境政策对能源技术进步偏向的转变作用的确可以使其朝清洁方向发展。与基准回归相比，其余变量的回归结果并未发生方向性变化，这进一步验证了环境政策对能源技术进步偏向的驱动作用具备一定的稳健性。

（二）分禀赋回归结果

这一部分汇报了分传统能源禀赋的回归分析结果[①]，如表6-4所示。

表6-4 环境政策对能源技术进步偏向的影响（分禀赋的结果）

变量	DETC			
	(1)	(2)	(3)	(4)
	高禀赋 FE	高禀赋 Sys-GMM	低禀赋 FE	低禀赋 Sys-GMM
ER	-9.451 (-1.64)	-28.410*** (-16.67)	-79.750*** (-2.93)	-67.17*** (-7.40)
ER^2	5.023** (2.12)	8.629*** (14.78)	32.74*** (3.15)	23.70*** (5.97)
L. DETC	—	0.532*** (209.31)	—	0.615*** (165.58)

① 主要参考《BP世界能源统计年鉴》2018版，传统能源主要是指：煤炭、原油以及天然气。高禀赋地区：新疆、内蒙古、山西、陕西、贵州、四川、河北、山东、河南、辽宁。

表6-4(续)

变量	DETC			
	(1)	(2)	(3)	(4)
	高禀赋 FE	高禀赋 Sys-GMM	低禀赋 FE	低禀赋 Sys-GMM
EP	-0.072*** (-4.43)	-0.020*** (-18.83)	-0.074** (-2.53)	-0.013*** (-4.78)
RD	0.136*** (2.89)	0.044*** (6.01)	0.108*** (6.82)	0.069*** (12.93)
lnpGDP	-11.040 (-0.83)	-8.672*** (-7.50)	-248.001*** (-7.43)	-327.9*** (-39.09)
lnpFDI	-6.479** (-2.56)	-2.630*** (-4.55)	-22.34*** (-3.63)	-17.15*** (-8.20)
lnpGOV	-50.10*** (-2.99)	-96.20*** (-43.61)	-99.93*** (-3.17)	-82.22*** (-9.53)
lnFDp	83.19*** (5.38)	99.69*** (64.90)	389.0*** (11.26)	395.6*** (57.64)
Cons	-526.9*** (-4.57)	-1 058.2*** (-90.00)	-1 577.8*** (-6.84)	-900.3*** (-13.74)
时间	控制	控制	控制	控制
地区	控制	否	控制	否
R^2	0.389 1	—	0.309 1	—
Obs	1 540	1 430	2 156	2 002
Hausman test	103.19***	—	132.95***	—
AR (1) _P	—	0.000	—	0.015
AR (2) _P	—	0.355	—	0.310
Sargan_P	—	0.195	—	0.470

注：*、**、***表示10%、5%和1%显著水平，括号内是 t 统计量，固定效应模型汇报组内 R^2，Cons 表示常数项，Obs 为样本观测量。

高能源禀赋与低能源禀赋地区的比较分析。表 6-4 的结果表明，首先，无论传统能源禀赋的高低，“命令控制型”环境政策一次项（EP）的影响为负，其二次项（EP^2）的影响为正，意味着环境规制对能源技术进步偏向（DETC）的作用依旧呈现出 U 型曲线特征，即“命令控制型”环境政策首先会阻碍能源技术进步表现出清洁偏向，随着政策强度的增加，能源技术进步的清洁偏向将得到提升，表明环境政策能够起到转变能源技术进步偏向的作用。其次，对传统能源禀赋较高的地区来说，环境政策对能源技术进步偏向的转变作用弱于低禀赋地区。这可能是由于高禀赋地区潜在的“资源诅咒”效应，这些地区因为传统能源相对丰富，相关产业对传统能源的依赖程度更高，故而疏于对清洁能源技术的研发。而低禀赋地区紧迫感更强，环境政策对其而言更多被视为一种导向和信号，会加速其清洁能源技术的发展。

三、稳健性检验

（一）考虑内生性的稳健性检验

这一章节的实证分析可能存在两个“逆向因果”引发的内生性问题，其中一个是能源价格和能源技术进步偏向。究竟是能源价格上涨促进了清洁能源技术发展，以此使得能源技术进步表现出清洁偏向，还是清洁能源技术的发展使能源价格出现改变，这是一个潜在的内生性问题。另一个则是更为典型的环境政策指标与能源技术进步偏向。针对上述两个可能存在的内生性问题，本章节的缓解方法如下：

首先，动态面板模型的应用已经通过差分 GMM 和系统 GMM 方法，部分缓解了能源价格和能源技术进步偏向之间潜在的逆向因果问题。这是由于通过对计量方程取差分，从而消除不随时变化的个体效应，以此弱化了这一逆向因果带来的内生性影响。

其次，在有关“命令控制型”环境政策与技术进步及其偏向关系的研究中，需要解决政策指标与技术进步潜在的逆向因果问题（余东华和孙婷，2017；张成 等，2011；董直庆和王辉，2019；蒋伏心 等，2013），工具变量法（IV）能够有效减少该内生性问题带来的估计结果偏误（Hering & Poncet，2014）。同时，多数研究在选择“命令控制型”环境政策的工具变量时，大多认为自然现象（如：空气流通）是影响环境且外生性较强的工具变量（沈坤荣 等，2017；陈诗一和陈登科，2018）。通常，一个地区空气流动系数越大，其污染程度也就相对越低、环境质量也就越好；一个地区的环境质量越好，其环境政策的实施力度势必会受到影响。同时，由于空气流动属于典型的自然现象，一个地区的空气流动并不直接影响能源技术水平，且又外生于环境政策，所以它对能源技术进步偏向的作用仅通过环境政策来实现。

综上所述，为了解决“命令控制型”环境政策的内生性问题，本章节选择各地区空气流动系数作为工具变量。计算各地区空气流动系数的原始数据来自“欧洲天气预报中心（ECMWF）”。由于本书主要内容与大气科学无关，这里只对气象数据的处理做简单介绍。

借鉴 Hering 和 Poncet（2014）、沈坤荣等（2017）以及陈诗一和陈登科（2018）的研究，认为空气流动系数（Ventilation Coefficients，VC）可以通过风速（Wind Speed，WS）及大气边界层高度（Boundary Layer Height，BLH）来表示[①]，其构建公式为

$$VC_{it} = WS_{it} \times BLH_{it} \tag{6-7}$$

具体来说，使用 Python 在 ECMWF 官方网站的 ERA-Interim 数据库调用相关应用程序接口（Application Programming Interface，API）下载包含风速和大气边界层高度的原始栅格气象数据。ERA-Interim 提供两种类型的数据（同化分析数据、预报数据），原始栅格数据的经纬度范围需要将中国全境包含在内，下载数据后通过 ArcGIS 软件将数据投影至中国，并结合经纬度坐标与中国各地级市相匹配。表 6-5 补充了空气流通系数（VC）及其对数形式（lnVC）的描述性统计结果。

表 6-5 空气流通系数的描述性统计结果

变量	中文名	均值	标准差	最小值	最大值	观测量
VC	空气流通系数	1 612. 841	473. 274	697. 257	3 795. 329	3 696
lnVC	空气流通系数（对数）	7. 344	0. 288	6. 547	8. 242	3 696

接下来，采用两阶段最小二乘法（2SLS）进行回归分析，见表 6-6，以此尽可能剥离“命令控制型”环境政策指标潜在的内生性问题。

① 在 ERA-Interim 数据库中边界层高度实际上就是混合层高度（mixing height）。

表 6-6 考虑内生性的稳健性检验（2SLS）

第一阶段回归	ER			
	（1）	（2）	（3）	（4）
lnVC	0. 165 *** （10. 63）	0. 120 *** （9. 54）	—	—
VC	—	—	0. 000 1 *** （10. 05）	0. 000 1 *** （10. 04）
F	112. 97	91. 04	100. 99	100. 77
P	0. 000	0. 000	0. 000	0. 000
第二阶段回归	DETC			
	（1）	（2）	（3）	（4）
EP	-40. 507 *** （6. 35）	-63. 123 *** （9. 69）	-54. 920 *** （-6. 74）	-70. 197 *** （-7. 07）
EP^2	14. 014 ** （2. 44）	19. 511 *** （3. 30）	19. 240 *** （6. 13）	21. 840 *** （6. 44）
EPC	-0. 132 *** （-5. 41）	-0. 186 *** （-7. 06）	-0. 116 *** （-4. 33）	-0. 186 *** （-6. 79）
RD	0. 120 *** （2. 84）	0. 117 *** （2. 84）	0. 122 *** （2. 86）	0. 118 *** （2. 87）
lnpGDP	-40. 620 *** （-3. 58）	-81. 940 *** （-2. 67）	-17. 52 （-1. 30）	-99. 33 *** （-3. 19）
lnpFDI	—	6. 891 ** （2. 51）	—	7. 769 *** （2. 69）
lnpGOV	—	-219. 300 *** （-7. 15）	—	-238. 6 *** （-7. 60）
lnFDp	—	49. 150 *** （3. 11）	—	51. 94 *** （3. 25）
Cons	-95. 080 （-0. 76）	345. 200 * （1. 89）	172. 6 （1. 13）	480. 0 *** （2. 58）
时间	控制	控制	控制	控制
地区	否	否	否	否
R^2	0. 339 7	0. 410 3	0. 258 5	0. 273 3
Obs	3 696	3 696	3 696	3 696

注：*、**、*** 表示 10%、5%和 1%显著水平，括号内是 t 统计量，Cons 表示常数项，Obs 为样本观测量。

表 6-6 汇报了两阶段最小二乘法（2SLS）的回归结果，不难发现空气流通系数（VC）及其对数形式（lnVC）在第一阶段回归中显著为正，且 F 统计量在 1%显著水平上大于 10，说明空气流通系数（VC）及其对数形式（lnVC）不存在弱工具变量问题。而第二阶段的回归结果表明，“命令控制型”环境政策（EP）首先会抑制能源技术进步偏向（DETC）朝清洁方向发展，随后其二次项（EP^2）显著为正，意味着“命令控制型”环境政策对能源技术进步偏向的作用呈 U 型曲线关系，即随着政策强度的加大，能源技术进步偏向将得到加强。上述结果不仅证实了“命令控制型”环境政策能够使能源技术进步朝清洁方向转变，并且进一步凸显了规制强度变化对清洁能源技术的动态作用。第（2）列和第（4）列加入更多控制变量后这一结论仍未改变，证明了本书的估计结果具备一定的稳健性。

（二）考虑滞后效应的稳健性检验

“命令控制型”环境政策对技术进步的影响可能存在滞后效应，这一论断在有关环境政策和技术进步的研究中有所提及（余东华和孙婷，2017；张中元和赵国庆，2012）。因此，“命令控制型”环境政策对能源技术进步偏向的转变作用也可能存在这种时间上的滞后特征，同时借鉴余东华和孙婷（2017）的研究，将“命令控制型”环境政策及其二次项的滞后一阶及二阶纳入模型（6-1）重新分析，以此作为稳健性检验的手段之一。

如表 6-7 所示：

表 6-7　考虑滞后效应的稳健性检验（POLS）

变量	DETC			
	(1)	(2)	(3)	(4)
L. EP	-44.89*** (-4.04)	-111.3*** (-6.29)	—	—
L. EP^2	7.598** (2.01)	22.27*** (4.46)	—	—
L. EPC	-0.149*** (-5.93)	-0.152*** (-6.06)	—	—
L2. EP	—	—	-51.85*** (-4.08)	-122.1*** (-7.29)
L2. EP^2	—	—	8.200* (1.89)	23.50*** (4.52)

表6-7(续)

变量	DETC			
	(1)	(2)	(3)	(4)
L2. EPC	—	—	-0.094*** (-3.98)	-0.077*** (-3.31)
RD	0.113*** (2.72)	0.103** (2.57)	0.109*** (2.70)	0.099** (2.53)
lnpGDP	-106.0*** (-12.16)	-42.03** (-2.06)	-111.4*** (-11.43)	-32.40 (-1.54)
lnpFDI	—	1.049 (0.46)	—	2.020 (0.79)
lnpGOV	—	-78.32*** (-5.09)	—	-92.95*** (-5.72)
lnFDp	—	36.16** (2.37)	—	42.39*** (2.70)
Cons	-848.2*** (-10.17)	-689.1*** (-8.17)	-924.7*** (-9.62)	-702.8*** (-7.29)
时间	控制	控制	控制	控制
地区	控制	控制	控制	控制
R^2	0.225 0	0.238 8	0.211 1	0.228 8
Obs	3 432	3 432	3 168	3 168

注：*、**、*** 表示 10%、5%和 1%显著水平，括号内是 t 统计量，Cons 表示常数项，Obs 为样本观测量，地区控制到地级市。

表 6-7 的回归结果显示，在第（1）列和第（2）列中，“命令控制型”环境政策滞后一阶（L. EP）及其二次项的滞后一阶（L. EP^2）其回归系数至少在 5%水平上显著，且系数符号未发生方向性改变，再次表明环境政策对能源技术进步偏向的转变作用呈先抑后扬的 U 型曲线特征。这一特征同样显示在第（3）列和第（4）列环境政策滞后二阶（L2. EP）及其二次项的滞后二阶（L2. EP^2）中，意味着“命令控制型”环境规制对能源技术进步偏向的转变作用至少存在二阶以上的远期影响，表明当前政府施行的各项环境政策具备一定的可持续性。同时，能源价格的滞后效应也在 1%水平上显著为负，表明能源价格上涨对能源技术进步偏向存在抑制作用。总的来说，上述结果显示环境政策及其二次项对能源技术进步的

影响均表现出U型曲线关系，这从时间维度上进一步验证了本章的实证结果具备一定程度的稳健性，表明环境政策影响能源技术进步偏向的政策驱动效应具备一定的持续性。

需要注意的是，“命令控制型”环境政策滞后一阶的作用系数小于滞后二阶的影响，以第（2）列和第（4）列的回归结果为例，虽然同为开口向上的“U”型曲线，但环境政策滞后一阶的“U”型曲线在其滞后二阶“U”型曲线的左侧，这可能意味着环境政策对能源技术进步偏向的转变作用存在长期影响，并于一期后达到最大值，随后将逐渐减弱。

第四节　进一步分析：环境政策的门槛效应

实际上有关“命令控制型”环境政策对技术进步的作用可能存在的门槛效应，已经在相关研究中有所提及（张中元和赵国庆，2012；张成 等，2011；王国印和王动，2011；李斌 等，2013），这是因为在不同政策强度下技术进步受到的影响存在显著差异。如果环境政策对技术进步的门槛效应成立，那么环境规制对能源技术进步偏向的转变作用也可能存在这一效应。同时，这还意味着可能存在一个驱动能源技术进步表现出清洁偏向的最优环境规制区间，当环境政策强度低于该区间范围，相关企业承受的成本压力相对较小，其发展清洁能源技术的动力可能有所不足；当环境政策强度高于该区间范围，企业出于生存需要又可能减少对清洁能源技术的研发投入，转而发展更为容易的传统能源技术，从而削弱整体的技术创新和研发力度。因此，当环境政策强度位于最优区间，则企业的生产力提升和清洁技术发展可以实现兼容。

实际上，“命令控制型”环境政策的门槛效应不仅与自身强度有关，而且与地区间的经济发展差距也密切相关（沈能和刘凤朝，2012）。经济发达地区企业对环境政策的反应更为敏感，行动也更为迅速，所以只有当经济发展到一定程度，环境政策对能源技术进步偏向的转变作用才有可能朝清洁方向发展。最后，不仅是地区间的经济发展差距，而且外商直接投资也可能存在类似的门槛特征。

为了观察这一现象，借鉴Hansen（1999）的面板门槛效应模型，使用人均GDP水平和外商直接投资分别作为门槛变量，以此进一步分析环境政策对能源技术进步偏向的转变作用是否因经济发展和外商投资的差距而存在门槛作用。计量模型如下：

$$\begin{aligned}DETC_{it} = \alpha + \beta_1 EP_{it} \times f(\ln pGDP \leqslant \varphi_1) + \beta_2 EP_{it} \times f(\varphi_1 \leqslant \ln pGDP \leqslant \varphi_2) \\ + \cdots + \beta_n EP_{it} \times f(\ln pGDP > \varphi_n) + \mu_1 Control_{it} + \varepsilon_{it} \qquad (6-8)\end{aligned}$$

$$\begin{aligned}DETC_{it} = \alpha + \beta_1 EP_{it} \times f(\ln pFDI \leqslant \varphi_1) + \beta_2 EP_{it} \times f(\varphi_1 \leqslant \ln pFDI \leqslant \varphi_2) \\ + \cdots + \beta_n EP_{it} \times f(\ln pFDI > \varphi_n) + \mu_1 Control_{it} + \varepsilon_{it} \qquad (6-9)\end{aligned}$$

等式（6-8）和等式（6-9）中变量含义与前文相同不再赘述。需要解释的地方是：$f(\bullet)$ 为示性函数，用以框定函数内门槛值的范围，φ 表示门槛值。具体而言，面板门槛模型的原理在于使用样本内全体观测值减去其组内平均值来消除个体效应，随后给定门槛值时对模型进行估计得到残差平方和，最后认为残差平方和最小处的门槛值即为待求的潜在门槛值。

因此，需要首先确定门槛效应可能存在的个数，表 6-8 给出了等式（6-8）和（6-9）的门槛变量抽样检验结果。基于 Hansen（1999）给出的 Bootstrap 法抽样 300 次得到对应统计量。

表 6-8　门槛效应检验

门槛变量	门槛数量	F 统计量	P 值	10%临界	5%临界	1%临界
lnpGDP	单门槛	81.96***	0.000	17.967	22.023	27.296
	双门槛	26.27**	0.013	12.339	15.130	33.175
	三门槛	7.86	0.776	24.146	26.991	34.954
lnpFDI	单门槛	47.22***	0.007	14.282	18.398	45.393
	双门槛	16.83**	0.050	12.902	16.430	27.077
	三门槛	7.39	0.363	12.847	16.285	22.741

注：*、**、*** 表示 10%、5%和 1%显著水平。

结果表明、当门槛变量为经济发展水平时（lnpGDP），单一门槛的检验结果在 1%水平上显著，双门槛的检验结果在 5%水平上显著，而三门槛的检验不显著，表明经济发展水平可能存在两个门槛值，同理当门槛变量为外商直接投资时（lnpFDI），该变量也存在两个门槛值。随后，采用 Grid Search 方法执行 100 次来确定门槛值的大小。

根据表 6-9 的结果，经济发展水平（lnpGDP）的两个门槛值分别为 9.197 和 9.943，折算后与之对应的人均 GDP 水平为 9 867 元人民币和 20 806元人民币。外商直接投资（lnpFDI）的两个门槛值分别为-2.955 和

-4.999，与之对应的外商投资额占 GDP 比重为 5.21% 和 0.67%。因此，根据门槛值将经济发展水平分为三档：$pGDP \leqslant 9\ 867$，$9\ 867 \leqslant pGDP \leqslant 20\ 806$，$pGDP \geqslant 20\ 806$；外商投资水平也分为三档：$pGDP \leqslant 0.67\%$，$0.67\% \leqslant pGDP \leqslant 5.21\%$，$pGDP \geqslant 5.21\%$。表 6-10 显示了与之对应的门槛效应估计结果。

表 6-9 门槛值估计

门槛变量	门槛值	95%置信区间
lnpGDP	$\varphi_1 = 9.197$	[9.089, 9.225]
	$\varphi_2 = 9.943$	[9.893, 9.966]
lnpFDI	$\varphi_1 = -2.955$	[-3.026, -2.919]
	$\varphi_2 = -4.999$	[-5.393, -4.957]

表 6-10 门槛效应估计

变量	DETC	
	(1)	(2)
EP (pGDP≤9 867)	50.290*** (2.64)	—
EP (9 867<pGDP≤20 806)	16.631** (2.12)	—
EP (pGDP>20 806)	-52.820*** (-5.45)	—
EP (pFDI≤0.67%)	—	37.828*** (4.14)
EP (0.67%<pFDI≤5.21%)	—	4.338 (1.60)
EP (pFDI>5.21%)	—	-53.083*** (-2.70)
EP^2	11.700* (1.77)	11.883** (2.03)
EPC	-0.066*** (-3.72)	-0.091*** (-3.77)
RD	0.103 (1.48)	0.116 (1.62)

表6-10(续)

变量	DETC	
	(1)	(2)
lnpGDP	—	-91.443* (-1.84)
lnpFDI	-13.849*** (-3.15)	—
lnpGOV	37.680 (1.49)	-2.942 (1.10)
lnFDp	138.732*** (7.67)	212.091*** (4.20)
Cons	YES	YES
R^2	0.307 1	0.302 2
Obs	3 696	3 696

注：*、**、*** 表示 10%、5%和 1%显著水平，括号内是 t 统计量，Cons 表示是否包含常数项，Obs 为样本观测量。

不难发现，在经济发展程度较低的时候，“命令控制型”环境政策不会对能源技术进步偏向产生抑制作用，反而会加速清洁能源技术的发展，使能源技术进步表现出清洁偏向。但是随着经济的持续增长，“命令控制型”环境政策对能源技术转型的负面影响则越发凸显。所以，本书认为环境政策对能源技术进步偏向的转变作用与当前经济的发展程度有关。这一现象可以解释为：中国经济始终依赖高投入、高消耗的粗放式增长模式，在经济发展相对较弱的阶段，为了快速启动经济的需要，企业会选择更加容易突破的传统能源技术优先发展，此时企业一旦遭遇环境政策约束，其遵循成本相对较低，企业转向发展清洁能源技术的阻碍较小。但随着经济的持续增长，前期传统能源技术的优势局面已成既定事实，那么在路径依赖特征的作用下企业转向发展清洁能源技术的阻碍就会增加。

外商直接投资也表现出类似的特征，在外商投资较小的时期，些许投资就能带来较为可观的清洁能源技术或传统能源技术溢出，但是随着外商投资额的增加，部分地区的政府可能会出于追求 GDP 的目的而竞相降低本地的环境规制强度，以此更多地吸引传统能源投资，从而出现“逐底竞争(race to the bottom)”的局面。此时的外商直接投资已经无法有效促进清洁技术发展，更多时候会产生“污染天堂效应”。

第五节　本章小结

这一章节中我们使用2003—2016年中国264个地级市的面板数据，主要采用广义矩估计（GMM）和工具变量法（IV），从实证角度出发，详细探究了“命令控制型”环境政策对能源技术进步偏向存在怎样的转变作用，即检验“命令控制型”环境政策影响能源技术进步偏向的政策驱动效应。以此为基础，进一步考察了“命令控制型”环境政策在转变能源技术进步偏向时可能存在的门槛作用。主要研究结论如下：

其一，“命令控制型”环境政策的确能够起到转变能源技术进步偏向的作用。但需要注意的是，这种环境政策对能源技术偏向的转变作用并非立竿见影，而是表现出先抑后扬的U型曲线特征。这表明“命令控制型”环境政策首先会使得能源技术进步偏向朝传统方向转变，但随着规制强度的增加，能源技术进步的清洁偏向将逐渐得到加强。总的来说，“命令控制型”环境政策确实具备使能源技术进步偏向朝清洁方向转变的作用。

其二，不同地区“命令控制型”环境政策对能源技术进步偏向的转变作用存在明显差异。具体来说，东部地区环境政策对能源技术进步偏向的转变作用显出U型曲线特征，而在中西部地区则表现出先促进后抑制的倒U型曲线特征。产生这一现象的原因可能是来自不同地区经济发展的差异，以及中西部地区的产业类型及结构与东部地区不同，其对传统能源技术的依赖程度更高，导致环境政策对能源技术进步的转变作用存在黏性。

其三，地区间资源禀赋的差异并不会改变“命令控制型”环境政策转变能源技术进步偏向的作用方向，而是会影响其转变作用的强度。对高禀赋地区来说，“命令控制型”环境政策对能源技术进步清洁偏向的转变作用较弱，而低禀赋地区这一转变作用则较强。该结果表明，高禀赋地区因其资源丰厚，在环境政策的驱动下转向发展清洁能源技术的动力势必弱于资源相对匮乏的低禀赋地区。

其四，“命令控制型”环境政策存在显著的门槛效应，当经济发展程度较低时，“命令控制型”政策能够直接促进能源技术进步朝清洁方向发展。但随着经济的增长，“命令控制型”环境政策对清洁技术发展的抑制作用就被凸显出来，这可能是因为在经济发展相对较弱的阶段，两种类型的能源技术均不占优，为了快速发展经济，企业会优先选择更容易突破的传统能源技术作为主要发展对象，此时如果遭遇环境政策的约束，企业的遵循成本相对较低，转向发展清洁能源技术的阻碍较小。

其五，“命令控制型”环境政策对能源技术进步偏向的转变作用存在时间上的持续性，滞后一期的“命令控制型”环境政策对能源技术进步偏向的转变作用最为突出，但是随着时间的增加这种持续性作用将逐渐减弱，表明环境政策的制定和实施需要超前于经济发展规划。

与之相关的政策启示如下：其一，“命令控制型”环境政策对于能源技术进步清洁偏向的转变作用存在先抑后扬的特征，因此现阶段需要适当地提高环境规制强度，以此倒逼清洁能源技术发展，从而实现能源技术进步朝清洁方向发展。其二，“命令控制型”环境政策对能源技术进步偏向的转变作用存在典型的区域异质性，不同地区需要根据自身经济发展差距，制定适合当地的环境规制政策，避免政策上的盲目跟风和随波逐流。东部地区可以凭借经济优势率先发展清洁能源技术，带头强化能源技术进步的清洁偏向。而中西部地区在承接东部地区污染产业转移的过程中，首先需要预防高污染产业的过度转移，其次需要利用转移之便吸收并消化东部地区更为领先的清洁能源技术。其三，除了执行环境政策之外，可以有意识地在资源禀赋较低的地区率先铺开清洁能源的应用，以此进一步带动相关技术发展。对于高禀赋地区，可以出台更为细致的能源消费约束措施，助力其产业结构早日向清洁化转型。其四，“命令控制型”环境政策方式的门槛效应提示政策制定者需要留意环境政策可能存在的“陷阱”，环境政策能否带动清洁能源技术发展需要结合当地经济发展情况视情况而定，经济较为落后的地区不应以发展为“借口”，忽视环境政策的约束作用。

第七章 “市场激励型”环境政策驱动能源技术进步偏向的效应评估

第一节 引言

本章检验了“市场激励型”环境政策对能源技术进步偏向的影响。回顾这些年污染治理历程，20 世纪 90 年代开始中国政府就陆续颁布了一系列有关环境保护和节能减排的规章制度，涉及自然资源保护、污染防治、能源利用、循环经济和清洁生产的方方面面。这些制度不仅包含长期性或临时性的环境政策，而且还包含与环境相关的法律法规，表明中国的污染治理已初具行政规模。但必须注意的是，利用排污权交易政策、碳排放交易政策等与市场相关的举措来补充并调节“命令控制型”环境政策的效力不足，始终是中国政府治理环境污染、促进清洁技术发展的重要方式。

2000 年开始，市场化的环境政策逐步形成。2002 年，二氧化硫（SO_2）排放权交易试点政策得以推行并与 2003 年启动，2007 年这项政策被进一步扩大，且交易标的物也从最初的二氧化硫逐渐推广至氮氧化物（NOx）、化学需氧量（COD）等一系列与能源使用密切相关的污染物，试图逐步形成与欧盟排放交易体系类似，且交易标的物涵盖更为齐全的排污权交易市场。2011 年，碳排放交易试点正式推出，并于 2013 年在深圳、北京、上海、广东、天津、湖北和重庆 7 地启动交易，这是意在应对气候变化所成立的专项污染物排放权交易市场。比照欧美成熟体制，中国排污权交易的渐进式发展已经被视为缓解污染问题应对节能减排的“市场激励型”环境政策（齐绍洲 等，2018）。与碳排放交易市场相比，二氧化硫这种污染物排放权的交易已经在相关地区试点运行了十余年，成熟度相对较高，市场机制更为健全。同时，作为能源使用产生的一种主要气体污染物，工业生产所排放的二氧化硫占全部二氧化硫排放量的80%左右，并且与能源使用密切相关①，减少工业生产带来的污染排放是污染治理的重中之重。

因此，这一部分的研究将集中在排污权交易政策对能源技术进步偏向的影响，即探究“市场激励型”环境政策影响能源技术进步偏向的政策效应。在此基础上，继续考察排污权交易政策是否起到了减少二氧化硫排放的作用，并且进一步分析“排污权交易政策”和“碳排放交易政策”这两种市场型的环境规制政策能否在推动清洁技术发展时产生“合力”，即考察政策组合的作用。

第二节　实证模型设定

一、计量模型的设定

在本书第六章的分析中，已经证实“命令控制型”环境政策能够起到转变能源技术进步偏向的作用，同时该转变作用可以是朝清洁能源方向发展的。在这一章中，我们主要借鉴 Noailly 和 Smeets（2015）以及涂正革和谌仁俊（2015）的研究，以 2007 年排污权交易政策试点扩大为一个准自然实验，以此刻画“市场激励型”环境政策，主要采用倾向得分匹配和双重差分（PSM-DID）方法考察排污权交易政策能否起到转变能源技术进步偏向的作用，即对“市场激励型”环境政策对能源技术进步偏向的政策驱动效应进行评估。

PSM-DID 的思想在于寻找未执行排污权交易的“反事实”，并且通过与这些“反事实”的差分比较得出排污权交易这种“市场激励型”环境政策对能源技术进步偏向的政策效应。其中，倾向得分匹配（Propensity Score Matching，PSM）是一种被广泛运用于识别政策或制度效应的准自然实验性方法，该方法核心思想是人为构造一个控制组，也就是通过对观察

① 数据源于 2021 年版《BP 世界能源统计年鉴》。

特征的匹配为每个处理组对象找到与之对应的控制组对象。这一方法假定处理状态只取决于可观察因素，所以可以获得无偏估计，但是该方法无法解决不可观察因素导致的遗漏变量偏误，因此一般需要结合双重差分方法（Differences in Differences，DID）进一步进行估计。

需要注意的是，在进行 DID 之前需要满足所谓“平行趋势”或者“共同趋势”假设，就是说处理组和控制组在政策实施之前必须具有近似的发展趋势。如果不满足这一条件，那么两次差分得出的政策效应就不完全是真实的政策效应，其中有一部分是由处理组和控制组本身的差异所带来的。而使用 PSM 方法可以有效缓解运用 DID 方法时处理组和控制组在被纳入排污权交易试点之前不完全满足平行趋势假设的问题（刘瑞明和赵仁杰，2015）。

因此，具体做法是利用 PSM 方法给 2007 年开始执行排污权交易试点的 11 个地区匹配一组在此期间未执行排污权交易试点的地区[①]，并将其作为控制组（Heckman et al.，1998），而执行排污权交易试点的地区为处理组。匹配依据是未试点地区需要在本书选定的观测特征上和试点地区具备相同或相近的特征属性。

首先，采用 logit 回归对影响能源技术进步偏向的关键因素以及影响二氧化硫排放的关键因素进行估计，采用最近邻匹配法以此得到倾向得分，随后和处理组 1 比 1 进行配对，从而得到本章的控制组。与之相关的 logit 回归模型如下：

$$\begin{aligned}\text{policy}_i = \alpha &+ \beta_1 \text{lnEPC}_{it} + \beta_2 \text{lnCEKS}_{it} + \beta_3 \text{lnTEKS}_{it} + \beta_4 \text{lnpGDP}_{it} \\ &+ \beta_5 \text{lnFDI}_{it} + \beta_6 \text{lnRD}_{it} + \beta_7 \text{lnGOV}_{it} + \beta_8 \text{lncEP}_{it} + \text{east} + \varepsilon_{it}\end{aligned} \tag{7-1}$$

$$\begin{aligned}\text{policy}_i = \alpha &+ \beta_1 \text{lnPOP}_{it} + \beta_2 \text{lnpGDP}_{it} + \beta_3 \text{lnEE}_{it} + \beta_4 \text{lnpEC}_{it} \\ &+ \beta_5 \text{lnIS}_{it} + \beta_6 \text{lnFDI}_{it} + \beta_7 \text{lncEP}_{it} + \text{east} + \varepsilon_{it}\end{aligned} \tag{7-2}$$

其中，policy 表示开启排污权交易试点的相关地区，是一组取值 0 或 1 的虚拟变量，试点地区取值为 1，非试点地区为 0；east 表示该地区是否为东部，东部为 1，否则为 0。

等式（7-1）中倾向得分匹配的协变量主要依据第三章理论推导，同

---

① 2007 年排污权交易政策正式启动，该项政策扩大后的地区包括：江苏、浙江、湖南、湖北、河南、河北、山西、陕西、内蒙古、重庆市及天津市。

时借鉴 Noailly 和 Smeets（2015）、董直庆和王辉（2019）的研究选取影响能源技术进步偏向的关键因素，并将其作为 DID 方法的控制变量（Control），主要包括：能源价格（EPC）；清洁能源和传统能源技术存量（CEKS，TEKS）；经济发展程度（pGDP）；外商直接投资（FDI）；研发投入（RD）和政府行政管制（GOV），在此基础上引入“命令控制型”环境政策（cEP）强度，以此进一步控制其对排污权交易政策的影响。

等式（7-2）中倾向得分匹配的协变量主要借鉴第五章中的 STIRPAT 模型以及涂正革和谌仁俊（2015）的相关研究认为影响二氧化硫排放的关键因素，其包括：人口规模（POP）；经济发展程度（pGDP）；能源效率（EE）；能源消费结构（EC）；产业结构（IS）；外商直接投资（FDI），同样也纳入“命令控制型”环境政策（cEP）。

其次，采用 DID 方法考察排污权交易政策这种“市场激励型”环境规制政策对能源技术进步偏向和工业二氧化硫排放的影响。基准计量模型如下：

$$\ln DETC_{it} = \alpha + \beta_1 time_t + \beta_2 policy_i + \beta_3 PET_{it} + \sum Control_{it} + \varepsilon_{it} \tag{7-3}$$

$$\ln SO_{2it} = \alpha + \beta_1 time_t + \beta_2 policy_i + \beta_3 PET_{it} + \sum Control_{it} + \varepsilon_{it} \tag{7-4}$$

其中，DETC 表示能源技术进步偏向，SO_2 表示人均工业二氧化硫排放量。变量 time 和 policy 表示排污权交易政策施行的时间和相关地区。其中 time =1 代表样本对象被确立为排污权交易试点以后的时间，time=0 代表样本对象被确立为排污权交易试点以前的时间；policy=1 代表该地区被确立为排污权交易试点地区，policy=0 代表其余未被选中的非试点地区。

需要说明的是，我们构建了排污权交易试点的政策变量（Pollution Emission Trading，PET），满足 PET=time×policy，所以 β_3 显示了排污权交易这种“市场激励型”环境政策对能源技术进步偏向的政策驱动效应，及其对工业二氧化硫的减排作用，是研究重点关注的对象。但是在模型估计中，由于我们无法完全相信排污权交易的试点省份是随机选择的结果，并不完全符合处理组随机选取样本的要求，所以本书采用 PSM 方法缓解了这一问题，并且同样控制了部分重要解释变量 Control，以此进一步减少估计结果潜在的偏误。控制变量的选取在等式（7-1）及等式（7-2）中有所交代。

二、变量的选取及测算

本章节使用中国30个省份的面板数据进行研究，时间跨度为2002—2015年，总计420个样本对象构成平衡面板数据。由于数据缺失问题，研究对象不包含西藏及港澳台地区。之所以用2002年作为研究的起始时间，主要是因为这一年在中国生态环境部和美国环保协会的共同努力下，有6个地区率先开始执行二氧化硫排放权交易试点政策，在相关研究中该政策普遍被视为2007年排污权交易试点政策的前身（李永友和文云飞，2016；涂正革和谌仁俊，2015），因此选择2002年作为研究开始时间。其次，选择2015年作为结束时间，主要是因为2016年后部分环境指标的统计口径变更，为了尽可能确保数据的有效性，样本截止时间为2015年。最后，本书所采用的专利数据采集于2019年，因为专利数据从申请到公开可能存在1—3年的滞后时间（王班班和齐绍洲，2016），所以本书专利申请数据的截止时间为2016年。

（一）被解释变量

（1）能源技术进步偏向（Directed of Energy Technical Change，DETC）作为主要解释变量之一，依旧采用清洁能源技术专利占全部能源技术专利申请量的比重来表征能源技术进步偏向（Aghion et al.，2016；王班班和齐绍洲，2016），这一点与本书第五章中相同变量的处理方式相同。清洁能源和传统能源专利相关IPC代码请查阅第四章的表4-1、表4-2，在此不做赘述。

之所以选择专利申请数作为研究对象，主要是因为技术生产厂商申请专利是为了获取该项专利带来的垄断利润，并且专利申请与技术创新发生的时间最为接近，也最能代表该项技术的进步趋势和发展方向（Popp，2002）。

（2）工业二氧化硫（Industrial Sulfur Dioxide，SO_2）。当前，有关环境污染的研究，PM2.5是大家所关注的热点对象，但是PM2.5主要由碳元素、有机碳化合物、硫酸盐、硝酸盐、铵盐等组成。其中，后三者又主要来源于工业二氧化硫排放。而排污权交易的关键交易标的物就是二氧化硫（SO_2），因此在有关排污权交易试点的研究中大多以工业二氧化硫作为试点政策减排有效性的主要考察对象（李永友和文云飞，2016；涂正革和谌仁俊，2015；齐绍洲 等，2018）。最后，工业二氧化硫排放指标采用人均形式进行计算，这样做是为了消除人口规模带来的影响。

（二）主要解释变量

排污权交易（PET=time×policy）。排污权交易普遍被视为一种市场化的环境规制政策，并且有研究显示该方式能够有效激励微观层面企业的清洁技术创新行为（齐绍洲 等，2018）。因此，选择2007年国家发展改革委、生态环境部等部门确定的11个排污权交易试点地区作为处理组，属于试点地区policy取值为1，不属于该地区取值为0；2007年被确立为试点地区以后的时间time取值为1，否则为0。

之所以选择2007年排污权交易扩大政策作为准自然实验，主要是因为：①在此期间排污权交易得到逐步规范，各试点地区在2002年试点二氧化硫排污交易的基础上，纳入了更多的污染排放物作为交易标的物，并以此制定了一系列地方性的环境政策强化了地域特点，力图构建完整健全的排污权交易体系。②2002年5月开展的二氧化硫排污交易试点虽然实现了中国大气排污权交易从零到一的突破，但是其正式起效于2003年，且交易量极低，政策作用有限。

（三）其他控制变量

（1）能源价格（Energy Price，EPC）。作为影响能源技术进步偏向的关键市场性因素（Acemoglu et al.，2012；Noailly & Smeets，2015），依据Hicks（1932）的诱致性创新理论，某种要素价格上涨将会诱发与该要素相关的技术创新活动。同理，能源价格的上涨也可能会提高企业的节能环保意识，推动清洁能源技术进步（Popp，2002；陈宇峰和朱荣军，2018）。然而，中国目前尚未统计准确的能源价格数据，因此借鉴Lin和Li（2014）以及林伯强和刘泓讯（2015）的研究，采用国际煤炭价格、国际原油价格、国际天然气价格按照对应年份各省的能源消费结构加权平均得到综合的能源价格。该做法与第六章中“能源价格”变量的处理方式保持一致。

（2）能源技术存量（Clean Energy Knowledge Stock，CEKS；Traditional Energy Knowledge Stock，TEKS）。有研究发现，技术存量会影响当期的研发决策，这是路径依赖或技术锁定效应，因此需要对其进行控制。采用两种能源技术所积累的专利申请数来估算两种能源技术的存量，与该做法相似的研究有Peri（2005）、Noailly和Smeets（2015）以及Aghion等（2016），专利申请相关数据来源于国家知识产权局和中国专利数据库。然而，随着时间的流逝，某些技术显然存在“过时”的可能性，因此需要考虑知识或技术存量的折旧情况。这里主要借鉴 Popp（2002）的研究思路，能源技术存量的构建公式如下：

$$KS_{it} = \sum_{j=0}^{t} e^{-\beta_1(t-j)}(1 - e^{-\beta_2(t-j+1)})PAT_{ij} \tag{7-5}$$

其中 KS_{it} 表示 i 地区某种能源技术的存量，t 表示知识存量计算的时间跨度，对本书的数据而言，两种类型的专利申请数以 1990 年为基期（$t = 0$）计算至 2016 年（$t = 26$），PAT_{ij} 表示两种类型专利在第 i 个地区 j 时期的申请数，而 β_1 和 β_2 表示知识的折旧率和扩散率①。一般来说，新技术从产生到大规模应用需经过一定时间的推广，这个时间主要由知识的扩散速度所决定，所以本书借鉴魏巍贤和杨芳（2010）的研究，取 $\beta_1 = 0.36$ 和 $\beta_2 = 0.03$。

等式（7-5）显示，某种新专利对当前知识存量的影响为 $e^{-\beta_1(t-j)}[1 - e^{-\beta_2(t-j+1)}]$，所以 $t-j$ 表示专利存在的年限，显然对大多数专利而言，在该项专利诞生的第三年，其对能源技术存量的影响达到最大值，随着时间的推移专利对能源技术存量的影响将越来越小，这一结果与 Popp（2002）的研究发现近似，如图 7-1 所示。

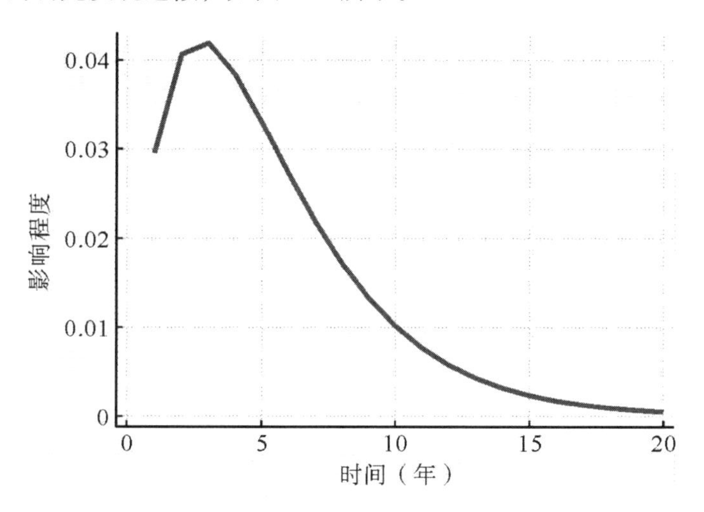

图 7-1　某一项能源专利对能源技术存量的影响程度

① 代入清洁能源技术专利申请数能够得到清洁能源技术存量 CEKS；相反，带入传统能源技术专利申请数，从而得到传统能源技术存量 TEKS。

（3）经济发展程度（pGDP）。在大多数研究中，一般使用人均 GDP 代表一个地区的经济发展程度，该变量的处理与前文保持一致。

（4）人口规模（Population，POP）。人口规模显然是影响污染排放的重要因素。这里我们采用单位面积的人口数量来表征人口规模，以此减少地域面积造成的影响（邵帅 等，2016）。

（5）能源效率（Energy Efficiency，EE）。能源效率是能源技术进步及其研发投入的外在反映（邵帅 等，2016），其值越大，同等产出水平下消耗的能源水平也就相对越低。因此，本书以单位能源消耗的 GDP 来度量能源效率，用以表示能源技术进步的大小。

（6）“命令控制型”环境政策（Environmental Policy，cEP）。为了探究排污权交易这种“市场激励型”环境政策影响能源技术进步偏向的政策效应，我们控制了“命令控制型”环境政策对能源技术进步偏向的影响（涂正革和谌仁俊，2015）。借鉴王国印和王动（2011）的研究思路，采用工业污染治理投资占 GDP 的比重来表示各地区“命令控制型”环境政策的强度。

（7）外商直接投资（Foreign Direct Investment，FDI）。外商直接投资对技术进步和环境的影响在诸多研究中都有所提及（张中元和赵国庆，2012；许和连和邓玉萍，2012）。因此，FDI 是影响技术进步和环境的重要因素，我们将其纳入控制变量进行考量。本书以各地区外商直接投资额来表示 FDI。

（8）研发投入（Research and Development，RD）。作为技术进步的核心驱动因素（唐未兵 等，2014），研发投入对能源技术进步偏向的作用不容忽视。本书以规模以上工业企业研发经费内部支出作为研发投入的代理变量。

（9）政府行政管制（Government，GOV）。有研究表明（董直庆和王辉，2019），政府参与程度越高，相关环境政策对技术进步的影响越大。因此，本书采用地方政府财政支出占 GDP 的比重表示政府行政管制。

（10）能源消费（Energy Consumption，pEC）。能源消费居高不下是造成环境污染的重要原因之一（林伯强和李江龙，2015），本书采用消除了人口规模影响的人均省级能源消费量（折算成标准煤形式的能源消费量与各地区总人口的比值）来表示能源消费。

（11）产业结构（Industrial Structure，IS）。中国工业部门的能源消耗远远高于其他部门。同时，中国房地产的空前兴旺带动了建筑业的持续发展，从而进一步促进了相关产业的发展（钢铁、水泥、材料及化工），这使得建筑业进一步加剧了污染排放。因此，本书选取各地区包含工业和建筑业的第二产业增加值占 GDP 的比重来反映产业结构。

必须说明的是，考察“市场激励型”环境政策影响能源技术进步偏向政策效应的控制变量为：能源价格（EPC）；清洁能源和传统能源技术存量（CEKS, TEKS）；经济发展程度（pGDP）；外商直接投资（FDI）；研发投入（RD）和政府行政管制（GOV）。能源消费（pEC）和产业结构（IS）用作基准归回中被解释变量为二氧化硫时（SO_2）进一步考虑的控制变量。如模型所示，估算时采用上述变量的对数形式。

三、变量的描述性统计

本章节所用到的数据主要来源如下：①国家知识产权局；②中国专利数据库；③历年《中国环境统计年鉴》；④历年《中国能源统计年鉴》；⑤历年《中国贸易外经统计年鉴》；⑥历年《中国统计年鉴》。表 7-1 显示了本章节计量模型所涉及变量的描述性统计结果。

表 7-1　变量描述性统计结果

变量	中文名	均值	标准差	最小值	最大值	观测量
DETC	能源技术进步偏向	0.488	0.129	0.086	0.952	420
SO_2	工业二氧化硫排放	0.017	0.011	0.001	0.061	420
time	试点时间虚拟变量	0.642	0.480	0	1	420
policy	试点地区虚拟变量	0.367	0.482	0	1	420
EPC	能源价格	494.512	164.107	171.363	1 001.255	420
CEKS	清洁能源技术存量	4.301	4.263	0.256	21.347	420
TEKS	传统能源技术存量	7.733	6.898	0.076	28.254	420
lnpGDP	经济发展程度	10.049	0.751	8.056	11.589	420
POP	人口规模	423.994	598.652	7.320	3 825.690	420

表7-1(续)

变量	中文名	均值	标准差	最小值	最大值	观测量
EE	能源效率	1.550	1.158	0.308	6.293	420
cER	“命令控制型”环境政策	17.085	16.992	0.101	141.600	420
lnFDI	外商直接投资	14.930	1.461	11.157	18.175	420
lnRD	研发投入	13.626	1.535	9.403	16.707	420
lnGOV	政府行政管制	7.288	0.976	4.524	9.459	420
pEC	能源消费	2.871	1.480	0.647	8.093	420
IS	产业结构	0.397	0.082	0.131	0.592	420

描述性统计结果显示了部分特征化事实如下：

其一，中国各地区的能源技术进步偏向差异巨大，最小值与最大值相差超过10倍，其均值并未超过0.5，表明现阶段能源技术进步的清洁偏向严重不足，传统能源技术发展始终占优。

其二，从均值来看，各地区传统能源技术存量普遍更高，意味着仅依靠市场本身的作用，清洁能源技术发展可能遭遇“技术锁定效应”和“路径依赖”特征的影响，从而导致清洁能源技术发展缓慢。

其三，剩余经济特征及地域特征变量显示出中国各地区发展的不平衡特征，以及典型的地域特性。例如：地区人均能源消费差距超过10倍以上，而人口规模和环境规制强度更是存在百倍之差。

以排污权交易试点扩大的时间2007年为界，这一章节的研究可以分为两段，即非政策试点扩大时期（2002—2007年）和政策试点扩大时期（2008—2015年）。于是，我们对试点地区的关键变量在排污权交易试点扩大前后的均值进行对比分析，如表7-2所示。

表7-2　试点和非试点地区在政策前后关键变量的比较（被解释变量：DETC）

变量	非试点扩大期（2002—2007年）		试点扩大期（2008—2015年）	
	非试点地区	试点地区	非试点地区	试点地区
DETC	0.453	0.518	0.470	0.542
EPC	429.263	414.732	553.430	537.108

表7-2(续)

变量	非试点扩大期（2002—2007 年）		试点扩大期（2008—2015 年）	
	非试点地区	试点地区	非试点地区	试点地区
CEKS	2. 326	6. 661	2. 615	8. 004
TEKS	4. 631	12. 095	4. 981	13. 234
lnpGDP	9. 143	10. 018	10. 252	10. 897
lnFDI	13. 614	15. 826	14. 545	16. 628
lnRD	12. 290	13. 677	13. 747	15. 112
lnGOV	6. 305	6. 771	7. 789	8. 085
cEP	0. 214	0. 190	0. 172	0. 101

注：根据省级数据整理得到的平均值。

表 7-2 给出了排污权交易试点地区和非试点地区的各关键变量在试点扩大前后的均值大小对比。对于能源技术进步偏向，无论是在排污权交易的非试点扩大时期或者试点扩大时期，非试点地区始终小于试点地区。能源技术进步偏向（DETC）的提升幅度从 0. 065 上涨到 0. 072，但是这一现象建立在未控制其他影响因素的基础上，因此排污权交易这种“市场激励型”规制政策是否起到了转变能源技术进步偏向的作用有待进一步检验。值得注意的是，政府行政管制（lnGOV）在排污权交易扩大之后有了明显改善，提升幅度超过其他变量，这可能意味着排污权交易试点扩大被各级政府视为进一步加强环保政策的信号。

表 7-3 的结果显示，在排污权交易试点扩大之前，非试点地区的人均工业二氧化硫（SO_2）排放就高于试点地区，而在排污权交易扩大之后这一差距进一步增大，从原来相差 23%扩大到现在相差 42%。值得留意的是产业结构（IS），在试点扩大期之前，非试点地区的第二产业占比低于试点地区，而执行排污权交易以后，该结果发生反转，非试点地区的第二产业占比逐渐超过试点地区，这是否意味着污染产业发生了地区间转移有待进一步考察。

表 7-3 试点和非试点地区在政策前后关键变量的比较（被解释变量：SO_2）

变量	非试点扩大期（2002—2007年）		试点扩大期（2008—2015年）	
	非试点地区	试点地区	非试点地区	试点地区
SO_2	0.018	0.014	0.019	0.011
POP	198.360	726.395	198.212	879.479
EE	2.144	1.087	1.721	0.833
pEC	1.927	2.559	3.288	3.606
lnpGDP	9.143	10.018	10.252	10.897
lnFDI	13.614	15.826	14.545	16.628
IS	0.374	0.412	0.411	0.394
cEP	0.214	0.190	0.172	0.101

注：根据省级数据整理得到的平均值。

比较表 7-2 和表 7-3 的其余影响因素，结果与一般经济直觉基本相符。举例来说，试点地区的人均 GDP（lnpGDP）无论是在排污权交易扩大之前还是在扩大之后均明显大于非试点地区，该现象可能意味着此时中国尚未达到 EKC 假说预言的环境拐点，始终处于 U 型曲线拐点左侧（林伯强和蒋竺均，2009），经济发展依旧建立在环境污染的基础上。排污权交易试点地区的能源效率（EE）无论是在试点期还是非试点期都高于非排污权交易试点地区，这表明在中国通过技术进步推进了能源效率的提高，是实现节能减排的一条重要途径，随着试点地区经济的快速发展，这些地区积累了更为充裕的绿色技术，这可能源于排污权交易带来的创新补偿效应。

第三节 实证结果分析

一、基准回归结果

作为中国在建立碳排放交易市场之前最大、最完善的排放交易体系试点政策（Emissions Trading Scheme），排污权交易政策试点的主要交易标的物涉及二氧化硫（SO_2）、化学需氧量（COD）、氮氧化物（NOx）和氨氮（NH4-Nx）等，它们是“十二五”及“十三五”期间生态环境部确定的工业生产及能源消耗产生的主要污染物，而能源技术的发展又会对其产生直接影响。因此，排污权交易试点扩大为本书研究能源技术进步偏向的政策效应提供了一个较好的准自然实验。

首先，直接采用 DID 方法对等式（7-3）和等式（7-4）进行回归分析，并且进一步控制地区和年份固定效应，表 7-4 给出了相关实证结果。第（1）列至第（3）列显示了排污权交易政策对能源技术进步偏向的影响，第（4）列至第（6）列给出了排污权交易政策对工业二氧化硫排放的影响。不难发现，对能源技术进步偏向（lnDETC）来说，排污权交易政策（PET）的回归系数显著为负，这意味着“市场激励型”环境规制政策虽然可以起到转变能源技术进步偏向的作用，但是其政策效应是朝传统能源技术方向发展的，并未使能源技术进步表现出清洁偏向，这一结果在引入更多控制变量后依旧成立。然而，排污权交易政策（PET）显著地减少了工业二氧化硫排放（$lnSO_2$）并以此起到了减排作用，引入更多控制变量且控制了时间和地区固定效应之后该结果依旧未发生重大变化，这一发现与李永友和文云飞（2016）的研究结论基本一致，但是与涂正革和谌仁俊（2015）的结论截然不同。本书认为，从基准回归结果来看，相比于“命令控制型”环境政策，“市场激励型”环境政策虽然减少了工业二氧化硫排放，起到了减排效果，但暂时未能起到使能源技术进步偏向朝清洁方向转变的作用，而是加剧了能源技术进步的传统偏向。能源技术进步的传统偏向虽然无法实现一般意义上能源技术的清洁化，但是却可以提高整体层面的能源效率。因此，我们认为排污权交易政策的减排作用可能是通过抑制传统部门产出实现的，当然这需要进一步检验。

表 7-4 排污权交易政策对能源技术进步偏向和二氧化硫排放的影响：DID

变量	lnDETC			$lnSO_2$		
	（1）	（2）	（3）	（4）	（5）	（6）
time	0.233*** （5.31）	0.245*** （5.59）	0.042 （1.17）	0.026 （0.44）	0.059 （1.02）	-1.027*** （-3.74）
policy	-0.085 （-1.30）	-0.149** （-2.13）	-0.765 （-1.39）	1.706*** （19.15）	1.532*** （16.52）	2.386*** （3.75）
PET	-0.140*** （-4.07）	-0.142*** （-4.16）	-0.121*** （-3.22）	-0.119** （-2.54）	-0.125*** （-2.75）	-0.190*** （-4.68）
lnER	否	控制	控制	否	控制	控制

表7-4(续)

变量	lnDETC			$lnSO_2$		
	(1)	(2)	(3)	(4)	(5)	(6)
控制变量	否	否	控制	否	否	控制
时间	控制	控制	控制	控制	控制	控制
地区	控制	控制	控制	控制	控制	控制
Cons	-2.226*** (-42.19)	-2.090*** (-27.45)	-1.503* (-1.80)	-5.820*** (-81.02)	-5.447*** (-53.90)	-2.831 (-1.09)
Obs	420	420	420	420	420	420
R^2	0.495	0.502	0.515	0.876	0.883	0.919

注：*、**、*** 表示10%、5%和1%显著水平，括号内是 t 统计量，R^2 汇报调整后的值，Cons 表示常数项，Obs 为样本观测量。

需要注意的是，排污权交易政策试点是为了就污染排放权有偿使用与交易实施的主要市场难点、政策需求、执行条件、交易过程等一系列执行市场化规制方式的关键问题进行探索研究，从而为中国政府出台类似欧盟排放交易体系（EU ETS）这样的系统性污染物交易市场提供宝贵经验。因此，排污权交易政策对能源技术进步的转变作用可能随时间的推移而逐渐显现出来，即需要对排污权交易政策是否存在动态效应进行检验。

检验动态效应的具体做法是将 time×policy 中的 time 虚拟变量替换为 9 个年度虚拟变量，假设这些年度虚拟变量计作 $yrdum_t$（t = 2007，2008，…，2015），例如年份为 2007 年时，$yrdum_{2007}$ 取值为 1，其余年份则取值为 0，并以此类推。所以，在等式（7-3）的基础上，建立如下回归方程，用以考察排污权交易政策的动态效应：

$$\begin{aligned} lnDETC_{it} = \alpha + \sum_{j=1}^{9} \beta_j yrdum_t \times policy_i \\ + \sum Control_{it} + \gamma_i + \mu_t + \varepsilon_{it} \end{aligned} \tag{7-6}$$

其中，系数 β_j 的大小衡量了排污权交易政策在实施的第 j 年之后，该项政策对能源技术进步偏向的持续影响，即动态效应，控制变量的选取与等式（7-3）一致。表 7-5 显示了基于等式（7-6）的动态效应检验结果。

表 7-5 排污权交易政策影响能源技术进步偏向的动态效应

变量	lnDETC		
	(1)	(2)	(3)
$yrdum_{2007}$×policy	-0. 099 (-1. 45)	-0. 106 (-1. 56)	-0. 092 (-1. 35)
$yrdum_{2008}$×policy	-0. 117* (-1. 72)	-0. 118* (-1. 75)	-0. 098 (-1. 43)
$yrdum_{2009}$×policy	-0. 154** (-2. 25)	-0. 160** (-2. 36)	-0. 137** (-2. 00)
$yrdum_{2010}$×policy	-0. 175** (-2. 56)	-0. 183*** (-2. 70)	-0. 159** (-2. 30)
$yrdum_{2011}$×policy	-0. 138** (-2. 03)	-0. 139** (-2. 06)	-0. 125* (-1. 81)
$yrdum_{2012}$×policy	-0. 187*** (-2. 74)	-0. 185*** (-2. 73)	-0. 161** (-2. 30)
$yrdum_{2013}$×policy	-0. 142** (-2. 08)	-0. 146** (-2. 15)	-0. 120* (-1. 72)
$yrdum_{2014}$×policy	-0. 114* (-1. 67)	-0. 107 (-1. 57)	-0. 080 (-1. 13)
$yrdum_{2015}$×policy	-0. 135** (-1. 99)	-0. 138** (-2. 03)	-0. 124* (-1. 77)
lnER	否	控制	控制
控制变量	否	否	控制
时间	控制	控制	控制
地区	控制	控制	控制
Cons	-2. 226*** (-41. 84)	-2. 088*** (-27. 14)	-0. 537 (-0. 30)
Obs	420	420	420
R^2	0. 487	0. 494	0. 506

注：*、**、*** 表示 10%、5%和 1%显著水平，括号内是 t 统计量，R^2 汇报调整后的值，Cons 表示常数项，Obs 为样本观测量。

表 7-5 的回归结果显示，所有交互项的回归系数始终为负，并未出现回归系数正负交替变化的情况，表明排污权交易政策对能源技术进步偏向

的转变作用确实是朝传统能源技术方向发展的，这一实证结果在第（2）列、第（3）列引入更多控制变量的情况下基本保持稳定。此外，需要说明的是，虽然 $yrdum_{2007}$×policy、$yrdum_{2008}$×policy 以及 $yrdum_{2014}$×policy 的回归系数为负，但是其未能通过统计显著性检验。据此，本书发现，排污权交易政策在 2007 年、2008 年和 2014 年对能源技术进步偏向的转变作用并不显著，其余时间内排污权交易政策对能源技术进步的转变作用表现出传统能源偏向。

上述实证结果显示：首先，排污权交易这种“市场激励型”环境政策对能源技术进步偏向的政策驱动效应存在“滞后性”。具体来说，排污权交易政策实施效果可能存在 1—2 年的滞后期，而非当期即时生效。其次，排污权交易政策对能源技术进步偏向的影响存在“波动性”，2014 年排污权交易政策的影响失效，随后在 2015 年重新恢复，这可能是由于 2013 年中国碳排放交易市场启动交易而造成的政策冲击，提示我们排污权交易政策会受到其他相关环境政策的影响进而使其暂时性失效。

二、基于 PSM-DID 的回归结果

必须注意的是，排污权交易政策的试点地区应该不是随机选择的结果，所以并不完全符合使用双重差分方法时处理组随机选取样本的要求，前文的估计结果可能存在偏误。为了解决这一问题，我们在考察政策效应之前，进一步采用 PSM 方法重新寻找控制组，从而使其满足使用 DID 方法所必要的随机选择条件和“平行趋势假设”，即使用 PSM-DID 方法考察排污权交易试点政策能否起到使能源技术进步朝清洁方向转变的作用，以及排污权交易政策的减排效果。

对全部变量进行多重共线性检验，结果表明变量的方差膨胀因子（VIF）均小于 10，这说明选取的变量之间不存在明显的多重共线性问题。第一步，采用等式（7-1）和等式（7-2）对相关影响因素进行 logit 回归分析，结果如表 7-6 所示。

表 7-6 logit 回归结果

Policy					
等式（7-1）			等式（7-2）		
变量	系数	标准误	变量	系数	标准误
lnEPC	0. 106 (0. 29)	0. 365	lnPOP	0. 837*** (5. 03)	0. 167
lnCEKS	-1. 740*** (-4. 02)	0. 433	lnEE	0. 281 (0. 53)	0. 530
lnTEKS	1. 840*** (5. 06)	0. 363	lnpEC	2. 110*** (2. 57)	0. 820
lnpGDP	-1. 097* (-1. 80)	0. 324	lnpGDP	-1. 349** (-2. 14)	0. 629
lnFDI	0. 335 (1. 41)	0. 238	lnFDI	0. 475** (2. 03)	0. 234
lnRD	1. 080*** (3. 13)	0. 345	lnIS	5. 819*** (5. 02)	1. 159
lnGOV	-1. 053*** (-3. 26)	0. 323	—	—	—
lncEP	0. 619*** (3. 24)	0. 191	lncEP	0. 233 (1. 04)	0. 223
east	-1. 643*** (-3. 32)	0. 494	east	-2. 048*** (-4. 39)	0. 467
Cons	-13. 870*** (-4. 16)	3. 330	Cons	-21. 922*** (-3. 98)	5. 502
Prob>chi2	0. 000		Prob>chi2	0. 000	
Pseudo R^2	0. 177		Pseudo R^2	0. 190	

注：*、**、***表示 10%、5%和 1%显著水平，括号内是 t 统计量，Cons 表示常数项，east 表示是否为东部地区。

可以看出，清洁能源和传统能源的技术存量、研发投入、政府行政管制、人口规模、能源消费量、经济发展程度、外商直接投资、产业结构以及东部地区 2007 年后是否会被确立为排污权交易扩大试点地区存在一定程度的影响。举例来说，传统能源技术存量（TEKS）更高的地区更有可能被确立为排污权交易试点扩大的地区，而清洁能源技术存量（CEKS）则产生了相反的效果，这表明政府有利用排污权交易试点拉动清洁能源技术发展的意图。经济发展程度（lnpGDP）的回归结果显示并非只有发达地区才会被选为排污权交易试点。东部地区的特征变量 east 的系数在 1%水平上显著为负，说明政府并未以东部地区的区域优势作为确定排污权交易试点的重要因素。

根据 logit 模型估计结果计算倾向得分，采用最近邻匹配法找到与排污权交易政策试点地区相似的非试点地区。倾向匹配得分有效性检验的结果如表 7-7 所示。

表 7-7　倾向匹配得分有效性检验

等式（7-1）					等式（7-2）				
变量	Mean		T-test		变量	Mean		T-test	
	处理组	控制组	T	P>T		处理组	控制组	T	P>T
lnEPC	6.163	6.158	0.12	0.901	lnPOP	5.710	5.749	-0.28	0.780
lnCEKS	1.262	1.299	-0.34	0.735	lnEE	-0.167	-0.208	0.55	0.582
lnTEKS	1.947	2.053	-1.06	0.290	lnpEC	0.986	1.033	-0.76	0.449
lnpGDP	10.176	10.086	0.95	0.343	lnpGDP	10.169	10.186	-0.19	0.849
lnFDI	15.314	15.207	0.64	0.526	lnFDI	15.291	15.257	0.21	0.837
lnRD	14.059	13.890	0.97	0.333	lnIS	3.893	3.886	0.47	0.638
lnGOV	7.410	7.347	0.52	0.603	—	—	—	—	—
lncEP	-2.016	-1.927	-1.00	0.319	lncEP	-1.997	-2.037	0.50	0.614
east	0.438	0.453	-0.25	0.802	east	0.421	0.436	-0.25	0.805

依据表 7-7 中 T 检验的结果，在经过倾向得分匹配（PSM）后各个变量的均值不存在显著差异，所以基本可以认为该项匹配结果是有效的。

在此基础上剔除未能匹配的对象，重新对等式（7-3）和等式（7-4）进行 DID 估计。回归结果如表 7-8 所示。

表 7-8　排污权交易政策对能源技术进步偏向和污染排放的影响：PSM-DID

变量	lnDETC			$lnSO_2$		
	(1)	(2)	(3)	(4)	(5)	(6)
time	0.235*** (5.90)	0.244*** (6.02)	0.160*** (3.79)	0.036 (0.70)	0.056 (1.09)	-1.258*** (-4.91)
policy	-0.144** (-2.08)	-0.149** (-2.13)	0.053 (1.61)	1.357*** (9.88)	1.314*** (9.60)	1.992*** (3.20)

表7-8(续)

变量	lnDETC			$lnSO_2$		
	(1)	(2)	(3)	(4)	(5)	(6)
PET	-0.062** (-1.98)	-0.169** (-2.34)	-0.076* (-1.82)	-0.147*** (-3.64)	-0.150*** (-3.73)	-0.195*** (-5.14)
lnER	否	控制	控制	否	控制	控制
控制变量	否	否	控制	否	否	控制
时间	控制	控制	控制	控制	控制	控制
地区	控制	控制	控制	控制	控制	控制
Cons	-2.239*** (-49.90)	-2.175*** (-31.61)	-1.613*** (-5.26)	-5.438*** (-40.97)	-5.297*** (-37.41)	-6.886*** (-2.76)
Obs	352	352	352	369	369	369
R^2	0.574	0.574	0.601	0.877	0.879	0.907

注：*、**、*** 表示10%、5%和1%显著水平，括号内是 t 统计量，R^2 汇报调整后的值，Cons表示常数项，Obs为样本观测量。

表7-8中，第（1）、（4）列未加入控制变量，而第（2）、（3）、（5）、（6）列是加入更多控制变量后的回归结果。不难发现，排污权交易（PET）影响能源技术进步偏向的政策效应至少在10%水平上显著为负，同时其对工业二氧化硫的减排作用至少在1%水平上同样为负。与基准回归中表7-4常规双重差分（DID）的实证结论相比，PSM-DID的估计系数并未发生方向性变化，从而在一定程度上表明地区间的异质性并未对排污权交易政策的效力产生严重影响，从而证明了回归结果的有效性。

三、稳健性检验

（一）考虑平行趋势假设的稳健性检验

使用双重差分法（DID）进行政策分析需要满足“平行趋势假设”，也就是说，处理组和控制组在政策实施后必须具有基本相同的变化趋势。虽然倾向得分匹配后得到的控制组大多数时候能够满足该假设，为了进一步确保实证结果的稳健性，我们选择采用绘制平行趋势图的方式对这一问题进行检验。

图7-2和图7-3的结果显示，不论是处理组或控制组，在2010年以前它们的能源技术进步偏向都在逐渐提高，表明能源技术进步偏向得到持

续加强，正逐渐表现出清洁偏向，但2010年以后，能源技术进步偏向有所减弱，此时工业二氧化硫排放也由缓慢上升转为持续下降趋势。总的来说，在研究所选政策，即2007年以后，处理组与控制组的能源技术进步偏向（lnDETC）以及工业二氧化硫排放（$lnSO_2$）具有较为相近的变化趋势。因此，不难发现处理组和控制组之间基本满足平行趋势假设。

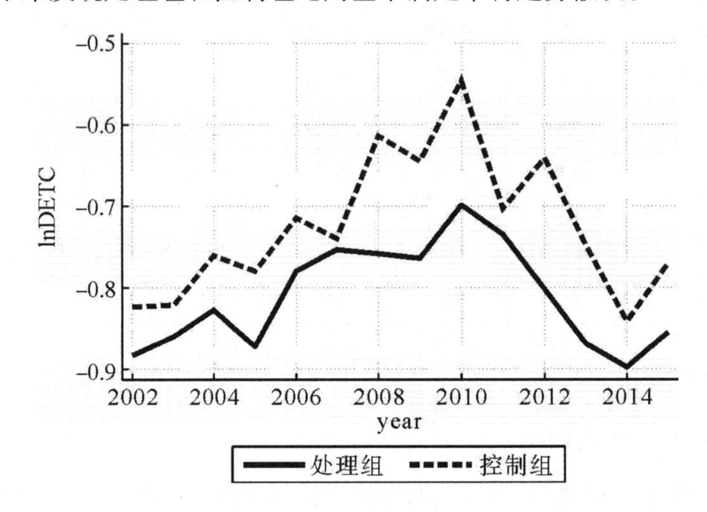

图7-2　排污权交易政策处理组和控制组的能源技术进步偏向变化趋势

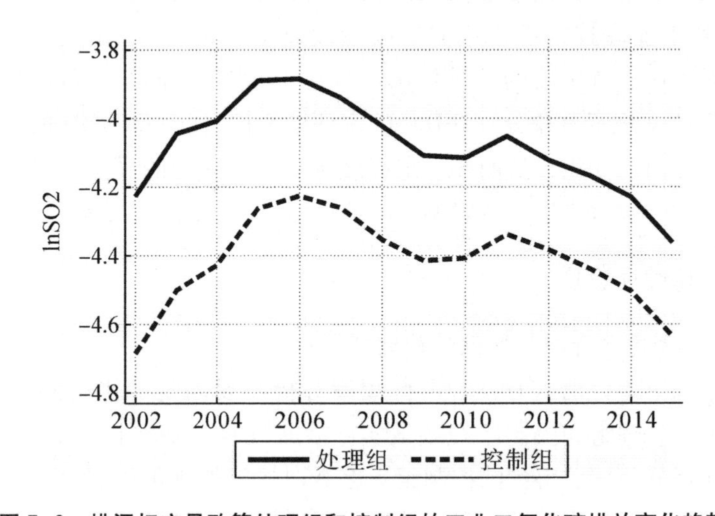

图7-3　排污权交易政策处理组和控制组的工业二氧化硫排放变化趋势

（二）考虑反事实情况的稳健性检验

除了“平行趋势假设”之外，使用双重差分（DID）方法的另一个前提是政策干预时间的随机性，以及控制组不会受到该项政策的影响。因此，需要对政策作用潜在的反事实情况给予一定的考虑，即进行安慰剂检验。我们考虑“时间反事实”的情况，具体做法是将排污权交易政策的实施时间提前2—3年。此时，如果排污权交易政策的估计系数同样显著为负，则表明排污权交易政策对能源技术进步偏向和污染排放的抑制作用依然存在，同时这也意味着能源技术进步偏向和污染排放还受到其他重要经济社会因素的影响。如果排污权交易政策的估计系数不显著，则表明在此阶段内能源技术进步偏向和污染排放主要受到排污权交易政策的影响，较少受其它因素干扰。

表7-9的“时间反事实”检验结果表明，对能源技术进步偏向（lnDETC）而言，排污权交易政策的实施时间提前到2004年或2005年，即 $time_{2004}\times policy$ 和 $time_{2005}\times policy$，其政策效应的回归系数并不显著，表明排污权交易政策提前未能对能源技术进步偏向产生影响，这从时间反事实的角度证明了2007年排污权交易扩大政策影响能源技术进步偏向的有效性。然而，工业二氧化硫排放（$lnSO_2$）的回归系数在排污权交易政策时间提前到2004年和2005年以后显著为负，这意味着工业二氧化硫排放受到了其他经济政策或随机因素的作用。因此，需要尽可能地将其他经济政策和随机因素的影响剔除。

表7-9 时间反事实检验结果

变量	lnDETC		$lnSO_2$	
	(1)	(2)	(3)	(4)
$time_{2004}$	0.177 (0.70)	—	-0.858*** (-3.14)	—
$time_{2005}$	—	0.101 (0.40)	—	-1.047*** (-3.84)
policy	-1.023* (-1.83)	-0.849 (-1.53)	1.244* (1.87)	1.623** (2.47)
$time_{2004}\times policy$	0.064 (0.97)	—	-0.262*** (-3.50)	—
$time_{2005}\times policy$	—	-0.073 (-1.45)	—	-0.288*** (-5.18)
lncEP	控制	控制	控制	控制

表7-9(续)

变量	lnDETC		$lnSO_2$	
	(1)	(2)	(3)	(4)
控制变量	控制	控制	控制	控制
时间	控制	控制	控制	控制
地区	控制	控制	控制	控制
Cons	0.405 (0.23)	-0.113 (-0.06)	-1.648 (-0.63)	-2.992 (-1.16)
Obs	420	420	420	420
R^2	0.502	0.504	0.917	0.920

注：*、**、*** 表示10%、5%和1%显著水平，括号内是 t 统计量，R^2 汇报调整后的值，Cons表示常数项，Obs为样本观测量。

考虑样本时间段内可能影响能源技术进步偏向和工业二氧化硫排放的重要政策性事件，2006年开始实施的“主要污染物排放总量控制计划”，以及2003年开始启动的二氧化硫排放交易试点都可能存在重要作用。本书后续将剔除上述两项事件潜在的作用，以此纠正排污权交易政策效力估计可能存在的偏误，即进行政策唯一性检验。

（三）考虑政策唯一性的稳健性检验

首先，在2006年，随着《中华人民共和国可再生能源法》的正式施行，中国政府开始全面施行“主要污染物排放总量控制计划”，该项计划要求在“十一五”和“十二五”期间切实转变经济增长方式，从源头上减少污染排放，其中化学需氧量（COD）和二氧化硫（SO_2）等排污指标均不得突破既定约束。同时，该计划与地方政府的政绩密切挂钩，这使得未施行排污权交易政策的地区也开始注重控污减排。因此，本书构造“主要污染物排放总量控制计划”的政策变量（Total Emission Control，TEC），以此尽可能削弱其引起的排污权交易政策对能源技术进步偏向影响的偏误。“主要污染物排放总量控制计划”在全国范围内执行，不存在明显的处理组和控制组。但必须注意的一个事实是，由于污染控制与地区政绩挂钩，所以该项计划对非排污权交易试点地区的影响可能更为突出。因此，我们将非排污权交易试点地区作为处理组，试点地区作为控制组，“主要污染物排放总量控制计划”2006年以后开始施行取值为1，2006年以前取值为0。

其次，2003 年启动的二氧化硫排放交易试点大多数时候被视为 2007 年排污权交易试点政策的前身。其目的是采用市场化手段，在实现减排的基础上，进一步推动清洁技术发展。因此，本书构造“二氧化硫排放交易试点”的政策变量（Sulfur Dioxide Trading，SDT），以此尽可能削弱其带来的政策影响偏误。以山东、山西、江苏、河南、上海、天津 6 个省份为最早的二氧化硫排放交易政策试点地区，将其作为处理组，回归结果如表 7-10 所示。

表 7-10　政策唯一性检验结果

变量	剔除“主要污染物排放总量控制计划”的影响		剔除“二氧化硫排放交易试点”的影响		同时剔除两项政策带来的额外影响	
	lnDETC					
	（1）	（2）	（3）	（4）	（5）	（6）
PET	−0.135** （−2.08）	−0.124** （−2.02）	−0.146*** （−4.21）	−0.124*** （−3.29）	−0.135** （−2.08）	−0.124** （−2.02）
TEC	0.006 （0.09）	0.005 （0.07）	—	—	0.013 （0.19）	0.001 （0.00）
SDT	—	—	0.110 （1.41）	0.081 （1.04）	0.111 （1.42）	0.081 （1.03）
lnER	否	控制	否	控制	否	控制
控制变量	否	控制	否	控制	否	控制
时间	控制	控制	控制	控制	控制	控制
地区	控制	控制	控制	控制	控制	控制
Cons	−2.227*** （−41.95）	−0.425 （−0.24）	−2.207*** （−40.58）	−0.385 （−0.22）	−2.208*** （−40.43）	−0.385 （−0.22）
Obs	420	420	420	420	420	420
R^2	0.494	0.513	0.497	0.515	0.495	0.513

注：*、**、*** 表示 10%、5%和 1%显著水平，括号内是 t 统计量，R^2 汇报调整后的值，Cons 表示常数项，Obs 为样本观测量。

表 7-10 中第（1）、（2）列为考虑剔除“主要污染物排放总量控制计划”后排污权交易政策对能源技术进步偏向的影响，第（3）、（4）列为考虑剔除“二氧化硫排放交易试点”后排污权交易政策对能源技术进步偏向的影响，最后两列为同时剔除上述两项政策可能存在的影响。实证结果显

示，排污权交易政策这种“市场激励型”环境规制政策不仅会抑制能源技术进步表现出清洁偏向，而且会促使其朝传统能源技术方向发展。

第四节　进一步分析：环境政策的组合效应

现实中，排污权交易政策并非是唯一的“市场激励型”环境政策，2011 年国家发展改革委颁布《关于开展碳排放权交易试点工作的通知》，意图建立健全专属的碳排放交易市场，这就形成了另一个可能会影响能源技术进步偏向的“市场激励型”环境政策。该项政策选择在北京市、天津市、上海市、重庆市、湖北省、广东省及深圳市 7 个省市率先开展与碳排放交易有关的试点运行工作，从 2013 年年初启动交易。众所周知，与二氧化硫类似，二氧化碳主要也是由能源消耗所产生的一种重要污染物，所以碳排放权交易市场的建设目标也是为了以更加经济和市场化的方式实现节能减排，以此推动我国经济切实向低碳方向转型，这一点与排污权交易政策有异曲同工之处。

因此，我们构建碳排放交易试点（Carbon Emissions Trading，CET）的政策变量，并且以国家发展改革委颁布碳排放交易市场试点运行的时间进行划分，2011 年之前取 dt=0，之后取 dt=1；碳排放交易的试点地区为 du=1，非试点地区为 du=0，并将其作为处理组（除深圳外），于是有 CET=dt×du。而原排污权交易政策变量依旧为 PET，构建方式与前文相同，于是设定如下回归方程：

$$\begin{aligned}\ln\mathrm{DETC}_{it} = \alpha + \beta_1\mathrm{PET}_{it} + \beta_2 CET + \beta_3\mathrm{PET}_{it} \times \mathrm{CET} \\ + \sum \mathrm{Control}_{it} + \gamma_i + \mu_t + \varepsilon_{it}\end{aligned} \tag{7-7}$$

等式（7-7）中，PET×CET 为“排污权交易政策”和“碳排放交易政策”的交互项，代表了政策组合效应，所以 β_3 是我们主要的关注对象，其大小及显著性衡量了政策组合对能源技术进步偏向的作用。总的来说，等式（7-7）是一种典型的三重差分方法（Difference in Difference in Difference，DDD），控制变量 Control 与前文相同。回归结果如表 7-11 所示。

表 7-11 政策组合效应对能源技术进步偏向的影响

变量	lnDETC					
	DDD			PSM 后 DDD		
	(1)	(2)	(3)	(4)	(5)	(6)
PET	-0.128*** (-3.57)	-0.134*** (-3.76)	-0.109*** (-2.84)	-0.083** (-2.52)	-0.088*** (-2.65)	-0.063* (-1.73)
CET	0.074 (1.32)	0.101* (1.78)	0.124* (1.87)	0.097** (1.99)	0.106** (2.15)	0.077* (1.72)
PET×CET	-0.114 (-1.49)	-0.101 (-1.33)	-0.176** (-2.01)	-0.139** (-2.10)	-0.132** (-1.98)	-0.112* (-1.80)
lnER	否	控制	控制	否	控制	控制
控制变量	否	否	控制	否	否	控制
时间	控制	控制	控制	控制	控制	控制
地区	控制	控制	控制	控制	控制	控制
Cons	-2.248*** (-40.61)	-2.105*** (-27.15)	-1.497 (-0.81)	-2.263*** (-46.48)	-2.200*** (-30.18)	-0.027 (-0.01)
Obs	420	420	420	363	363	363
R^2	0.496	0.504	0.518	0.548	0.549	0.608

注：*、**、*** 表示 10%、5%和 1%显著水平，括号内是 t 统计量，R^2 汇报调整后的值，Cons 表示常数项，Obs 为样本观测量。

表 7-11 中，第（1）列至第（3）列显示了直接采用 DDD 方法的回归结果，而第（4）列至第（6）列显示了采用 PSM 方法后再进行 DDD 的回归结果，PSM 的匹配方式与前文一致，协变量中未纳入 east 来观察东部地区的异质性。具体而言，无论是采用直接采用 DDD 还是 PSM 后再进行 DDD，排污权交易政策和碳排放交易政策交互项（PET×CET）的回归系数为负，并且在纳入更多控制变量后变得显著，这表明两者的政策组合未能使能源技术进步偏向朝清洁方向发展，依旧是使其朝传统能源技术方向演进。单独来说，碳排放交易试点政策（CET）起到了促进能源技术进步偏向朝清洁方向发展的作用，这一点与排污权交易政策（PET）截然相反。究其原因，可能是因为排污权交易制度尚不完善，交易市场的活跃度较低，熟悉该市场的企业较少，从而难以激发相关企业的创新活力。相比而言，碳排放交易市场由于《京都议定书》的规定和世界范围内更为广泛的

运行，致使其“知名度”更高，企业的参与更为积极，市场活跃度高与排污权交易市场。此外，排污权交易市场的主要交易标的物为二氧化硫（SO_2）以及化学需氧量（COD）等，处理这类污染物的能源技术可能比实现二氧化碳减排更为繁琐，所以只有当处理排污权交易市场相关标的物的能源技术发展到一定程度，全面实现清洁化，其对能源技术进步偏向的转变作用才有可能朝清洁方向发展。

第五节　本章小结

这一章节中我们使用2002—2015年的中国省级面板数据，采用倾向得分匹配（PSM）和双重差分（DID）相结合的方式，以2007年排污权交易政策的扩大为一个准自然实验，从实证角度出发，着重分析了排污权交易这种“市场激励型”环境政策能否对能源技术进步偏向造成影响，即对“市场激励型”环境政策对能源技术进步偏向的政策驱动效应进行评估。在此基础上，采用三重差分（DDD）方法，进一步考察了“排污权交易”和“碳排放交易”，这两种“市场激励型”环境政策在转变能源技术进步偏向时可能存在的政策组合效应。主要研究结论如下：

其一，排污权交易政策这种“市场激励型”环境政策虽然减少了工业二氧化硫排放，起到了减排效果，但暂时未能起到使能源技术进步偏向朝清洁方向转变的作用，而是加剧了能源技术进步的传统偏向。因此，“市场激励型”环境政策影响能源技术进步偏向的政策驱动效应是负面的。

其二，排污权交易政策这种“市场激励型”环境政策对能源技术进步偏向的政策驱动效应存在“滞后性”和“波动性”。“滞后性”表明排污权交易政策对能源技术进步偏向的影响存在1—2年的延期，并非当期立即生效。而“波动性”是指由于其他环境政策的存在，排污权交易政策对能源技术进步偏向的转变作用可能会暂时性失效，即排污权交易政策会受到其他相关环境政策的冲击。

其三，即便采用了排污权交易政策和碳排放交易政策相结合的方式，组合式的“市场激励型”环境政策依旧无法促进能源技术进步偏向朝清洁方向发展。这可能是因为排污权交易制度尚不完善，交易市场的活跃度较低，而碳排放交易市场成立时间较短，政策作用不足造成的。

上述研究结论对如何通过市场化的方式实现节能减排、推动清洁能源技术发展，并以此加快推进生态文明建设具有重要的借鉴意义。首先，通过建立污染排放权交易市场，促进和完善排污权交易机制，以此提升清洁能源技术强度，是“市场激励型”环境政策实现转变能源技术进步偏向、使其朝清洁方向发展的必要条件。其次，目前中国主要污染排放企业的市场化程度和市场化意识相对淡薄，短期内难以支撑排污权交易市场的高效运转，导致“市场激励型”政策的执行效果不尽如人意。持续完善排污权交易政策体系，完备交易手段，丰富交易标的物，使交易参与方切实获得市场红利和经济回报，以此真正实现用市场化手段控制排污总量和激励相关企业技术转型。最后，虽然类似排污权交易和碳排放交易这样的“市场激励型”政策能够在一定程度上缓解中国污染排放权配置低效的问题，但是要想实现如“波特假说”所预想的节能减排和创新驱动共赢，还需要使“市场激励型”环境政策与“命令控制型”环境政策相互配合，形成市场与政府协调一致的“双引擎”驱动，从而实现能源技术的革命性转变。

第八章　主要结论、政策启示与研究展望

在上述章节中，本书主要通过理论分析、数值模拟和计量实证检验相结合的方式：一是探讨了能源技术进步偏向对环境质量的影响；二是考察了不同类型环境政策对能源技术进步偏向的驱动作用，力图为缓解中国经济发展所面临的“高能耗、高污染”局面提供能源技术方面的理论和实证依据。总的来说，通过能源技术进步改善环境质量的先决条件应该是转变能源技术进步的偏向，而非仅关注能源技术总量增加带来的能源效率提高。在这种情况下，通过适当的环境政策转变能源技术进步的偏向，将对清洁能源技术发展和环境质量的改善起到积极的推动作用。

在这一章节中，首先，我们对本书的主要结论进行总结，意在尽可能全面地呈现本书在理论分析、数值模拟与计量实证检验等方面可能蕴含的边际贡献。其次，依据上述结论形成与之紧密相关的政策建议，以此找到激励能源技术进步表现出清洁偏向，以及助力能源技术转型升级找到突破口。最后，在总结现有研究的基础上，结合相关前沿文献，给出潜在的研究方向，以供后续参考。

第一节　主要结论

在当前经济增长速度放缓和环境质量持续恶化的双重压力下，要实现经济高质量发展，就必须从源头上彻底转变依赖能源消耗的粗放型增长模式。显然，能源技术进步在其中发挥了不可替代的作用，并且引起了学界的广泛关注，大多认为发展能源技术是在达成经济高质量发展的同时实现节能减排、减少环境污染的必由之路。

基于此，本书力图将能源与环境共同纳入技术进步偏向的分析框架，对能源技术进步偏向可能形成的环境影响，以及环境政策在其中发挥的持续性驱动作用进行了较为全面的研究，探讨不同类型性环境政策、能源技术进步偏向和环境质量（污染排放）之间的内在联动关系。本书的核心部分，第三章基于 CES 生产函数和 C-D 生产函数双层嵌套的形式构建理论模型，同时将传统能源、清洁能源以及环境要素纳入技术进步偏向的理论分析框架，认为传统能源部门的生产活动会对环境造成污染，而清洁能源部门则相反，以此进行数理演绎；第四章采用数值模拟方法对理论分析中的主要内容进行了仿真验证，包含能源技术进步偏向的环境影响，以及环境政策影响能源技术进步偏向的政策驱动效应；第五章基于扩展后的 STIRPAT 模型和 EKC 假说，采用空间计量方法，重点考察了能源技术进步偏向对环境质量的改善作用，即检验其环境效应；第六章和第七章分别探讨了两种不同类型的环境政策（命令控制型、市场激励型）影响能源技术进步偏向时存在的政策驱动效应，其中第六章主要采用广义矩估计（GMM）和工具变量法（IV），第七章主要采用倾向得分匹配和双重差分法（PSM-DID）。总之，本书的研究结论可以概括如下：

（1）能源技术进步偏向能够起到减少污染排放、优化环境质量的作用，而能源技术进步的大小对环境质量的作用方向并不确定，该结果表明转变能源技术进步的偏向才是改善环境质量的先决条件，而非单纯提高能源技术进步的大小。但是，能源技术进步偏向对不同污染物的净化能力却表现出非一致性。具体来说，能源技术进步偏向对工业固体废物的减排作用最为突出，工业废水次之，而对工业二氧化硫排放的影响最为薄弱。这显示出，能源技术进步偏向的减排路径存在差异，并且在清洁能源技术内部非均衡发展趋势也日益突出，亟须合理分布清洁能源技术在不同领域的发展倾向，以此最大化能源技术进步偏向对污染排放的抑制作用。

（2）能源技术进步偏向在减少本地污染排放的同时难以对邻地的环境质量造成显著影响，能源技术进步偏向的减排作用主要在本地起效。2000—2015 年，工业二氧化硫、工业废水和工业固体废物的空间相关性逐渐增强，污染物的泄漏效应日趋严重。但在此期间，能源技术进步偏向的空间关联性始终较弱，空间上的技术溢出效应并不显著。这表明各地区不仅欠缺清洁能源技术方面的合作，而且缺少协调一致的污染处理机制。只有构建协调统一的污染处置机制才能充分发挥能源技术进步偏向对环境质量的改善作用。

（3）能源技术进步偏向在改善环境质量的同时，对经济增长的贡献表现出先抑后扬的U型曲线特征。当前，传统能源技术在中国依旧占据主导地位，而发展清洁能源技术、使能源技术进步表现出清洁偏向，可能会对传统能源技术的发展产生一定程度的“挤出”作用，此时传统能源技术发展减速造成的生产力损失会超过清洁能源技术发展加速带来的生产力提高，但随着清洁能源技术的持续进步，这一部分损失又会再一次被清洁能源技术进步带来的生产力提高所弥补。该特征表明，现阶段能源技术进步偏向还难以实现经济与环境的协同发展，“两山”理论的实现可能会遭遇短期经济下滑的风险。

（4）“命令控制型”环境政策对能源技术进步偏向的政策驱动效应表现出先抑后扬的U型曲线特征，即能源技术进步在“命令控制型”环境政策的作用下首先朝传统能源技术方向发展，随着政策强度的提高，能源技术进步的清洁偏向将得到加强。必须指出的是，这种政策驱动效应还表现出如下异质性特征：其一，东部地区的政策驱动效应与全国层面一致，而中西部地区则相反，其政策驱动效应表现出先扬后抑的倒U型曲线特征而非U型关系；其二，地区资源的丰裕程度不会改变“命令控制型”环境政策影响能源技术进步的方向，而是会改变其政策驱动效应的作用强度，这一点在低资源禀赋地区表现的更加突出；其三，“命令控制型”环境政策对能源技术进步偏向的影响存在时间上的滞后性，并且这种滞后性是逐步衰减的，滞后一期造成的影响最为突出。

（5）“命令控制型”环境政策对能源技术进步偏向的影响存在显著的门槛特征。当经济发展程度较低时，这种环境政策能够直接促使能源技术进步表现出清洁偏向。但是，随着经济的持续增长，“命令控制型”环境政策对清洁能源技术潜在的抑制作用就被凸显出来。这可能是因为在经济发展相对较弱的阶段，传统能源和清洁能源类型的技术均不占优，在市场规模效应（经济发展对能源的刚性需求）的作用下，企业为了快速发展一般会优先选择更加容易突破的能源技术作为主要的研究对象，此时如果企业遭遇“命令控制型”环境政策的约束，转向发展技术存量较高的能源技术（传统能源技术）所面临的阻碍较小，其遵循环境政策约束所付出的成本相对较低。

（6）“市场激励型”环境政策对能源技术进步偏向的影响为负，使其朝传统能源技术方向发展。虽然“市场激励型”环境政策政策减少了工业二氧化硫排放，对污染物起到了一定的抑制效果，但其暂时未能实现使能源技术进步偏向朝清洁方向转变的作用，而是加剧了能源技术进步的传统偏向。此外，“市场激励型”环境规制影响能源技术进步偏向的政策效应还存在明显的“滞后性”和“波动性”，即这种环境规制政策对能源技术偏向的转变作用难以在当期立即起效，并且存在被其他相关政策冲击进而短期失效的可能。

（7）组合式的“市场激励型”环境政策虽然也能够起到改变能源技术进步偏向的作用，但是其暂时无法促进能源技术进步朝清洁方向发展。其中，排污权交易政策扩大于2007年，而碳排放交易政策启动于2011年。这两种政策的执行对象虽然有所差异，但其核心目的都在于纠正市场失灵，以期更好地发挥市场本身在环境资源配置中的决定性作用，并以此促进清洁能源技术发展，实现经济绿色转型。遗憾的是，由于上述两个污染物交易市场的成立时间较短，规范性尚有不足，企业参与度低，市场交易量少，其政策效力尚不够不显著。

第二节 政策启示

结合前文理论分析、数值模拟和计量实证检验的相关结果，能源技术进步偏向的转变，即能源技术进步表现出清洁偏向，才是改善环境质量的关键所在，显然这有赖于清洁能源技术的不断进步。因此，潜在的政策启示如下：

（1）持续加大清洁能源技术专业及相关领域的人才培养。正如前文所言，在封闭经济条件下，一个部门的技术进步由该部门中全体厂商的技术创新水平和创新方向所决定。进一步来说，厂商的技术创新活动又由相关技术的“研发人员”来执行。因此，说到底“人”才是促进清洁能源技术进步最关键的部分，是清洁能源部门及相关厂商发展的根本保障。素质可靠、数量充足且结构合理的人才队伍是清洁能源厂商技术创新的关键所在。目前，技术人才短缺已成为制约我国清洁能源产业及相关技术发展的最大障碍，一是清洁能源技术涵盖较广，大多涉及复杂的交叉学科及应用领域研究，导致人才培养成本高、培养周期长；二是缺少相关人才的发展评价机制和发展保障机制，使得人才发展通道模糊、前进方向曲折。因此，中国亟须完善清洁能源领域相关人才的培育机制，加强清洁能源技术人才引进，助力清洁能源产业持续发展。具体来说，一是亟须提高清洁能源产业高层次人才的培育；二是根据技术类型拓宽人才引进渠道；三是建立健全人才评价和激励机制；四是加强相关领域人才的交流合作。

（2）重点关注清洁能源技术在不同领域上的协调发展。能源技术进步的清洁偏向虽然能够改善环境，但对不同类型污染物的净化作用却大相径庭，产生这一现象的主要原因与清洁能源技术内部的发展方向有相关。相较于欧美成熟发达国家，中国的清洁能源产业起步较晚，在技术研发、市场规划和制度配套等方面都面临不少阻碍，主要体现在：其一，大多数清洁能源技术的核心内容掌握在发达国家手中，例如在风电领域欧美国家有近 40 年的应用历史，而我国现阶段主要突破的是风电材料及发电方式部分，在储能和输送技术方面配套不够完善；在光伏领域日本和德国则控制关键材料，而我国则主要处于产业链低端的配套加工领域。其二，中国清洁能源的发展缺少统筹规划和整体布局，地方政策和国家政策时有冲突，地区间重复建设，重视生产而轻视消费，电网建设和清洁能源发展脱节等现象都是需要重点关注的问题。因此，我国亟须结合清洁能源本身的技术特点和地区间的禀赋差异进行统筹规划，因地制宜、因势施策的发展清洁能源技术，以此平衡相关技术在风电、太阳能、水利、核能及生物质能等领域的发展力度。

（3）积极推动各地区污染物的协同治理和清洁能源技术的交流合作。本书研究发现工业二氧化硫、工业废水以及工业固体废物排放在空间上的关联性正逐渐增强，污染物的泄漏效应正在逐渐变大。然而，能源技术进步的清洁偏向在解决本地区污染的同时，尚未对相邻地区污染物产生显著的净化作用。因此，我国亟须强化各地区污染物协同处理的正外部性，以及清洁能源技术潜在的空间辐射作用。其一，加大重要城市群与周边地区的联系，建立并完善地区间污染物的协调处理体系，利用污染物的物理特性和当地气候条件缓解污染物的空间扩散，实现更为有效的环境资源共享机制；其二，通过合理的评估方式，准确界定污染物的相关责任方，由污染地区向被污染地区提供适度补偿，实现污染源的准确定位和污染造成经济损失的量化分析，建立并完善生态补偿为主的转移支付机制；其三，形成各地区分工合作的能源环境技术网络，充分缓解小型城市及高传统能源禀赋地区所面临的环境规制效力偏弱和清洁能源技术转型成本过高等问题；其四，避免城市环境资源配置中遭遇的“马太效应”，弱化不同地区行政等级差异对环境资源分配的影响。

（4）强化市场激励型环境规制政策对清洁能源技术的促进作用。虽然现阶段“市场激励型”环境规制政策暂时还无法引导能源技术进步表现出清洁偏向，但建立这类规制政策的根本目的是纠正市场失灵，更好地发挥市场在环境资源配置中的决定作用。目前，世界范围内主要国家的绿色发展转型早已成为大势所趋，发展污染排放权交易市场已经成为我国通过市场政策实现清洁技术发展路径和经济低碳转型的重要抓手。通过建立污染排放权交易市场，形成覆盖重点行业的污染物价格机制，通过市场进行传导，这不仅有利于促进环境要素市场的形成，而且能够推动全社会逐渐形成污染物亦有价的“市场化环保意识”，从而影响利益相关者的投资和消费行为决策，以此推动清洁能源技术的发展应用，这也是落实“创新、协调、绿色、开放、共享”五大发展理念的重要体现。此外，国际社会已经逐渐形成了以绿色为主的发展潮流，中国参与并建设全球化的污染排放权交易市场，有利于我国企业提前适应与之相关的环境约束，强化企业的应对能力，帮助我国企业更好地适应国际社会可能出现的针对污染物的各种投资和贸易限制，助力克服企业“走出去”的困难。

（5）充分激发政策组合对清洁能源技术进步的引领作用。在前文的分析中，“命令控制型”和“市场激励型”环境规制政策都会对能源技术进步偏向产生影响，并且在适当的条件下能够有效促进清洁能源技术发展，从而使能源技术进步表现出清洁偏向。但必须指出的是，不仅是环境政策，财税政策、融资政策等都会对清洁能源技术的发展产生重要影响。首先，欧美发达国家为了助力清洁能源技术及产业发展，形成了较为系统的财税扶持政策，例如针对清洁能源的发展基金、完善了清洁能源产业的税收法规、提高清洁能源专项补贴资金的发放、开展清洁能源领域的财政绩效评估等。其次，推动清洁能源产业及相关技术向规模化和标准化发展，融资政策和资金支持也起到了关键作用。中国目前主要还是依靠国家投入的项目融资方式来推动清洁能源产业及相关技术进步，这会造成诸如政企难分、产权不明等一系列问题。因此，中国在实现能源技术转型升级的过程中应当充分结合各类型政策（环境政策、财政政策以及投融资政策等），借鉴国际先进经验，建立多元化、多层次、多目标的清洁能源产业及技术进步政策扶持体系，早日实现能源技术进步的清洁化转型。

第三节 研究展望

本书主要采用“理论分析、数值模拟和计量实证检验”相结合的研究方式，对能源技术进步偏向的环境及政策效应展开了一定程度的探讨，为后续研究提供了强有力的理论及实证支持。但是，本书的研究依然存在一定的局限性，亟须在将来持续进行深入分析。一般来说，相关研究可以从以下六个方面进行扩展。

（1）进一步完善能源技术进步及其偏向的测算。在本书的研究中，我们主要借鉴世界知识产权组织（WIPO）发布的绿色技术清单（IPC Green Inventory），以及 Noailly 和 Shestalova（2017）、Noailly 和 Smeets（2015）等有关能源技术的界定，并且采用相关专利的申请数表征能源技术进步及其偏向。但是，能源技术种类繁多涉及国民经济的方方面面，涵盖电力生产、石油化工、资源采掘和新能源利用等诸多领域。深入相关行业展开调研，与有关专业充分合作形成学科交叉优势，持续补充并完善能源技术所覆盖的范围，力求使能源技术进步及其偏向表达得更为精准和充分，这一点应该是相关研究持续改进的方向。

（2）深入相关领域开展企业微观层面技术进步偏向问题的研究。正如前文所言，一个部门的技术进步，由该部门中全体厂商的技术创新活动所决定。因此，针对企业微观层面的研究能够更加客观地反应相关政策对能源技术进步的驱动作用，以此探讨中国在相关领域的环境政策是否实现了“波特假说”，是未来相关研究的潜在改进方向。例如 Aghion 等（2016）针对汽车工业中技术进步偏向问题的探讨就是这类研究的典型代表之一，进行这类研究需要对相关领域的专利和技术创新范围有较为深刻理解，并且对该领域技术发展的方向也要有相当程度的把握，因此技术创新的分布也是重要的拓展方向之一。

（3）继续关注能源技术进步偏向在宏观层面对经济增长的贡献。本书主要探讨了能源技术进步偏向对环境的贡献，以及在此期间不同类型环境规制政策所起到的持续性作用，较少涉及能源技术进步偏向的增长效应。但必须指出，能源技术进步偏向在改善环境质量的同时能否起到助力经济高质量增长的作用，即对能源技术进步偏向的经济增长效应进行深入研究势在必行。其原因在于，清洁能源技术的发展势必有助于绿色全要素生产率的提高，而绿色全要素生产率又是实现经济低碳转型和高质量发展的关键所在，因此针对这一问题的探讨可能会成为相关研究的重要前进方向。

（4）进一步探讨环境政策影响能源技术进步偏向的作用机制。在针对企业微观层面的研究中，“波特假说”认为企业面临环境政策时，其研发决策受到“遵循成本”和“创新补偿”两个此消彼长效应的影响（涂正革和谌仁俊，2015），那么相关政策将通过作用于企业的生产成本和研发投入来影响其技术创新，这便是微观层面环境政策影响能源技术进步偏向的作用机制。但对宏观层面而言，受限于数据可得性，针对其作用机制的研究尚不够充分。例如：环境规制是否导致了污染产业转移并以此改变了一个地区能源技术的发展方向？又或者环境规制如何通过引导 FDI 来影响能源技术偏向？这些可能都是需要进一步回答的问题。

（5）将能源技术进步偏向的理论框架扩展至开放经济条件下进行分析。具体来说，来自其他国家的“技术溢出”是客观存在的事实，在全球化背景下中国和世界各国的经贸合作方式被进一步打通，这增强了全球各国间的技术溢出，近年来中国学习并追赶发达国家，以此获得的先进技术数不胜数。当然，技术溢出的渠道众多，FDI、OFDI 都可能是其关键途径。此外，跨国间的政策影响也是存在的，一国的环境政策会间接影响其他国家也是一个不争的事实，单边环境政策究竟会造成污染产业转移形成“污染天堂”效应，还是互利共赢实现共同发展，针对开放经济条件下能源技术进步偏向相关问题的研究有待深入展开。

（6）考虑重复的研究成果对能源技术进步偏向的影响。以往针对技术进步可能产生的环境效应的研究，大多数时候都把技术进步作为内生变量引入模型分析（Acemoglu et al.，2012；Acemoglu et al.，2014；Loschel，2002；Johnstone et al.，2010）。遗憾的是，这些研究较少考虑技术进步内生于模型后可能出现的研究成果重复，进而导致“研发效率下降”（Beneito et al.，2015；Jones & Williams，2000）和生产率高估问题。因此，将研究成果存在重复引入技术进步偏向的框架进行讨论，从而避免环境政策失效以及污染治理成本增高是极具意义的前瞻性工作。

参考文献

[1] ACEMOGLU D. Equilibrium bias of technology [J]. Econometrica, 2007, 75 (5): 1371-1409.

[2] ACEMOGLU D. Patterns of skill premia [J]. Review of economic studies, 2003, 70 (2): 199-230.

[3] ACEMOGLU D. Labor- and capital-augmenting Technical Change [J]. Journal of the european economic association, 2003, 1 (1): 1-37.

[4] ACEMOGLU D. Directed technical change [J]. Review of economic studies, 2002, 69 (4): 781-809.

[5] ACEMOGLU D. Why do new technologies complement skills? directed technical change and wage inequality [J]. Quarterly journal of economics, 1998, 113 (4): 1055-1089.

[6] ACEMOGLU D, AGHION P, BURSZTYN L. The environment and directed technical change [J]. American economic review, 2012, 102 (1): 131-166.

[7] ACEMOGLU D, AGHION P, HEMOUS D. The environment and directed technical change in a North-South model [J]. Economic policy, 2014, 30 (3): 513-530.

[8] ACEMOGLU D, AKCIGIT U, ALP H. Innovation, reallocation and growth [J]. American economic review, 2018, 108 (11): 3450-3491.

[9] ACEMOGLU D, ZILIBOTTI F. Productivity differences author [J]. Quarterly journal of economics, 2001, 116 (2): 563-606.

[10] AGHION P, AKCIGIT U, HOWITT P. What do we learn from schumpeterian growth theory? [M]. Handbook of economic growth, 2014.

[11] AGHION P, DECHEZLEPRETRE A, HEMOUS D. Carbon taxes, path dependency and directed technical change: evidence from the auto industry

[J]. Journal of political economy, 2016, 124 (1): 1-51.

[12] AGHION P, HOWITT P. A model of growth through creative destruction [J]. Econometrica, 1992, 60 (2): 323-351.

[13] AHMAD S. On the theory of induced invention [J]. Economic journal, 1966, 76 (302): 344-357.

[14] ALBINO V, ARDITO L, MARIA R. Understanding the development Trends of low-carbon energy technologies: a patent analysis [J]. Applied energy, 2014, 135: 836-854.

[15] ANDRÉ F J, SMULDERS S. Fueling growth when oil peaks: directed technological change and the limits to efficiency [J]. European economic review, 2014, 69: 18-39.

[16] ANSELIN L, VARGA A. Local geographic spillovers between university research and high technology innovations [J]. Journal of urban economics, 1997, 42: 422-448.

[17] ARDITO L, PETRUZZELLI A M, ALBINO V. Investigating the antecedents of general purpose technologies: A patent perspective in the green energy field [J]. Journal of engineering and technology management, 2016, 39: 81-100.

[18] ARIAS A D, BEERS C Van. Energy Subsidies, structure of electricity prices and technological change of energy Use [J]. Energy Economics, 2013, 40: 495-502.

[19] BENEITO P, ROCHINA-BARRACHINA M E, SANCHIS A. The path of R&D efficiency over time [J]. International journal of industrial organization, 2015, 42: 57-69.

[20] BERKHOUT P H G, MUSKENS J C, VELTHUIJSEN J W. Defining the rebound effect [J]. Energy policy, 2000, 28 (6): 425-432.

[21] BIJGAART I Van Den. The unilateral implementation of a sustainable growth path with directed technical change [J]. European economic review, 2017, 91 (10): 305-327.

[22] BINSWANGER H P. A microeconomic approach to induced innovation [J]. Economic journal, 1974, 84 (336): 940-958.

[23] BLYTH W, BUNN D. Coevolution of Policy, market and technical

price risks in the EU ETS [J]. Energy policy, 2011, 39 (8): 4578-4593.

[24] BORGHESI S, CAINELLI G, MAZZANTI M. Linking emission trading to environmental innovation: Evidence from the Italian manufacturing Industry [J]. Research policy, 2015, 44 (3): 669-683.

[25] BROCK W A, TAYLOR M S. The green solow model [J]. Journal of economic growth, 2010, 15 (2): 127-153.

[26] BRUNNERMEIER S B, COHEN M A. Determinants of Environmental innovation in US manufacturing industries [J]. Journal of environmental economics and management, 2003, 45: 278-293.

[27] CALEL R, DECHEZLEPRETRE A. Environmental policy and directed technological change: evidence from the european carbon market [J]. Review of economics and statistics, 2016, 98 (1): 173-191.

[28] CHENG Z, LI L, LIU J. Research on energy directed technical change in China's industry and its optimization of energy consumption pattern [J]. Journal of environmental management, 2019, 250 (4): 109471.

[29] CHICHILNISKY G, HEAL G, BELTRATTI A. The Green Golden Rule [J]. Economics letters, 1995, 49 (2): 175-179.

[30] CHO J H, SOHN S Y. A Novel decomposition analysis of green patent applications for the evaluation of R&D efforts to reduce CO2 emissions from fossil fuel energy consumption [J]. Journal of cleaner production, 2018, 193: 290-299.

[31] CHOI Y, LIU Y, LEE H. The economy impacts of korean ETS with an emphasis on sectoral coverage based on a CGE approach [J]. Energy policy, 2017, 109 (4): 835-844.

[32] CUI J, ZHANG J, ZHENG Y. Carbon pricing induces innovation: evidence from China's regional carbon market pilots [J]. AEA, 2018, 108: 453-457.

[33] DANG J, MOTOHASHI K. Patent statistics: a good indicator for innovation in China? Patent subsidy program impacts on patent Quality [J]. China economic review, 2015, 35: 137-155.

[34] DECHEZLEPRETRE A, GLACHANT M, HASCIC I. Invention and transfer of climate change-mitigation technologies: a global analysis [J]. review

of environmental economics and policy, 2011, 5 (1): 109-130.

[35] DONG Y, SHAO S, ZHANG Y. Does FDI have energy-saving spillover effect in China? A perspective of energy-biased technical change [J]. Journal of cleaner production, 2019, 234: 436-450.

[36] DONG Z, HE Y, WANG H. Dynamic effect retest of R&D subsidies policies of China's auto industry on directed technological change and environmental quality [J]. Journal of cleaner production, 2019, 231: 196-206.

[37] DOWLATABADI H, ORAVETZ M A. USLong-term energy intensity: backcast and projection [J]. Energy policy, 2006, 34: 3245-3256.

[38] DRANDAKIS E M, PHELPS E S. A model of induced invention, growth and distribution [J]. Economic journal, 1966, 76 (304): 823-840.

[39] DUAN H, FAN Y, ZHU L. What's the most cost-effective policy of CO2 targeted reduction: an application of aggregated economic technological model with CCS? [J]. Applied energy, 2013, 112: 866-875.

[40] DUAN H, ZHU L, FAN Y. Optimal carbon taxes in carbon-constrained China: a logistic-induced energy economic hybrid model [J]. Energy, 2014, 69: 345-356.

[41] DURMAZ T, SCHROYEN F. Evaluating carbon capture and storage in a climate model with directed technical change [J]. Climate change economics, 2020, 11.

[42] ELHORST J P. Dynamic spatial panels: models, methods, and inferences [J]. Journal of geographical systems, 2012, 14 (1): 5-18.

[43] ELHORST J P. Specification and estimation of spatial panel data models [J]. International regional science review, 2003, 3 (26): 244-268.

[44] ERIKSSON C. Phasing out a polluting input in a growth model with directed [J]. Economic modelling, 2018, 68 (6): 461-474.

[45] FISCHER C, HEUTEL G. Environmental macroeconomics: environmental policy, business cycles, and directed technical change [J]. Annual review of resource economics, 2013, 5 (1): 197-210.

[46] FUJII H, MANAGI S. Decomposition analysis of sustainable green technology inventions in [J]. Technological forecasting & social change, 2019, 139 (8): 10-16.

[47] GOULDER L H, MATHAI K. Optimal CO2 abatement in the presence of induced technological change [J]. Journal of environmental economics and management, 2000, 38: 1-38.

[48] GRAY W B, SHADBEGIAN R J. Plant vintage, technology, and environmental regulation [J]. Journal of environmental economics and management, 2003, 46 (3): 384-402.

[49] GREAKER M, HEGGEDAL T-R. A comment on the environment and directed technical change [J]. Statistics norway - research department, 2012, 102 (1): 131-166.

[50] GREAKER M, HEGGEDAL T-R, ROSENDAHL K E. Environmental policy and the direction of technical change [J]. Journal of economics, 2018, 120 (4): 1100-1138.

[51] GRIMAUD A, LAFFORGUE G, MAGNE B. Climate change mitigation ptions and directed technical change: a decentralized equilibrium analysis [J]. Resource and energy economics, 2011, 33: 938-962.

[52] GRIMAUD A, ROUGE L. Environment, directed technical change and economic policy [J]. Environmental and resource economics, 2008, 41 (4): 439-463.

[53] GROSSMAN G M, KRUEGER A B. Economic growth and the environment [J]. Quarterly journal of economics, 1995, 110 (2): 353-377.

[54] GUNDERSON R, YUN S. South Korean green growth and the Jevons Paradox: an assessment with democratic and degrowth policy recommendations [J]. Journal of cleaner production, 2017, 144: 239-247.

[55] HAMAMOTO M. Environmental regulation and the productivity of Japanese manufacturing industries [J]. Resource and energy economics, 2006, 28 (4): 299-312.

[56] HANSEN B E. ThresholdEffects in Non-dynamic Panels: Estimation, Testing, and Inference [J]. Journal of econometrics, 1999, 93 (2): 345-368.

[57] HASSLER J, KRUSELL P, OLOVSSON C. Energy-Saving Technical Change [J]. NBER working paper. Number 18456, 2012.

[58] HAYAMI Y, RUTTAN V W. Agricultural productivity differences among Countries [J]. American economic review, 1970, 60 (5): 895-911.

[59] HECKMAN J J, ICHIMURA H, TODD P. Matchingas an econometric evaluation estimator [J]. Review of economic studies, 1998, 65 (2): 261-294.

[60] HEMOUS D. The dynamic impact of unilateral environmental policies [J]. Journal of international economics, 2016, 103: 80-95.

[61] HERING L, PONCET S. Environmental Policy and Exports: Evidence from Chinese Cities [J]. Journal of environmental economics and management, 2014, 68 (2): 296-318.

[62] HORBACH J, RAMMER C, RENNINGS K. Determinants of eco-innovations by type of environmental impact - the role of regulatory push/pull, technology push and market Pull [J]. Ecological economics, 2012, 78: 112-122.

[63] JAFFE A B, PALMER K. Environmental regulation and innovation: a panel data study [J]. Review of economics and statistics, 1997, 79 (4): 610-619.

[64] JAFFE A B, PETERSON S R, PORTNEY P R. Environmental Regulation and the competitiveness of U.S. manufacturing: what does the evidence tell us? [J]. Journal of economic literature, 1995, 33 (1): 132-163.

[65] JOHNSTONE N, HASCIC I, POPP D. Renewable energy policies and technological innovation: evidence based on patent counts [J]. Environmental and resource economics, 2010, 45 (1): 133-155.

[66] JONES C I. The shape of production functions and the direction of technical change [J]. Quarterly journal of economics, 2005, 120 (2): 517-549.

[67] JONES C I, WILLIAMS J C. Too much of a good thing? the economics of investment in R&D [J]. Journal of economic growth, 2000, 5 (1): 65-85.

[68] KAMIEN M I, SCHWARTZ N L. Optimal "induced" technical Change [J]. Econometrica, 1968, 36 (1): 1-17.

[69] KARANFIL F, YEDDIR-TAMSAMANI Y. Is technological change biased toward energy? A multi-sectoral analysis for the french economy [J]. Energy policy, 2010, 38 (4): 1842-1850.

[70] KELLER W, LEVINSON A. Pollution Abatement costs and foreign direct investment inflows to U.S. States [J]. Review of economics and statistics, 2002, 84 (4): 691-703.

[71] KENNEDY C. A generalisation of the theory of induced bias in technical progress [J]. Economic journal, 1973, 83 (329): 48-57.

[72] KENNEDY C. Induced bias in innovation and the theory of distribution [J]. Economic journal, 1964, 74 (295): 541-547.

[73] KUMAR S, MANAGI S. Energy price-induced and exogenous technological change: assessing the economic and environmental outcomes [J]. Resource and energy economics, 2009, 31: 334-353.

[74] LANJOUW J O, MODY A. Innovation and the international diffusion of environmentally responsive technology [J]. Research policy, 1996, 25: 549-571.

[75] LANOIE P, PATRY M, LAJEUNESSE R. Environmental regulation and productivity: testing the porter hypothesis [J]. Journal of productivity Analysis, 2008, 30 (2): 121-128.

[76] LANZI E, SUE WING I. Directed technical change in the energy sector: an empirical test of induced directed innovation [J]. 2011.

[77] LANZI E, VERDOLINI E, HASCIC I. Efficiency-improving fossil fuel technologies for electricity generation: data selection and trends [J]. Energy policy, 2011, 39: 7000-7014.

[78] LENNOX J A, WITAJEWSKI-BALTVILKS J. Directed technical change with capital-embodied technologies: implications for climate policy [J]. Energy economics, 2017, 67: 400-409.

[79] LESAGE J P, PACE R. Introduction to spatial econometrics [M]. Chapmanand hall CRC press, 2009.

[80] LEY M, STUCKI T, WOERTER M. The impact of energy prices on green innovation [J]. Energy journal, 2016, 37 (1): 41-75.

[81] LICHTENBERG F R, POTTELSBERGHE B Van. International R&D spillovers: a comment [J]. European economic review, 1998, 42: 1483-1491.

[82] LIN B, LI J. The rebound effect for heavy industry: empirical evi-

dence from China [J]. Energy policy, 2014, 74: 589-599.

[83] LOSCHEL A. Technological change in economic models of environmental policy : a survey [J]. Ecological economics, 2002, 43 (2): 105-126.

[84] MADSEN J B. Arethere diminishing returns to R&D? [J]. Economics letters, 2007, 95 (2): 161-166.

[85] MATTAUCH L, CREUTZIG F, EDENHOFER O. Avoiding carbon lock-in: policy options for advancing structural change [J]. Economic modelling, 2015, 50: 49-63.

[86] NESTA L, VERDOLINI E, VONA F. Threshold policy effects and directed technical change in energy innovation [J]. Social ence electronic publishing, 2018.

[87] NEWELL R G, JAFFE A B, STAVINS R N. The induced innovation hypothesis and energy-saving technological change [J]. Quarterly journal of economics, 1999, 114 (3): 941-975.

[88] NOAILLY J, SHESTALOVA V. Knowledge spillovers from renewable energy technologies: lessons from patent citations [J]. Environmental innovation and societal transitions, 2017, 22: 1-14.

[89] NOAILLY J, SMEETS R. Directing technical change from fossil-fuel to renewable energy innovation: an application using firm-level [J]. Journal of environmental economics and management, 2015, 72: 15-37.

[90] NORDHAUS W D. A review of the Stern Review on the economics of climate change [J]. Journal of economic literature, 2007, 45 (9): 686-702.

[91] NORDHAUS W D. Some skeptical thoughts on the theory of induced innovation [J]. Quarterly journal of economics, 1973, 87 (2): 208-219.

[92] OTTO V M, LOSCHEL A, DELLINK R. Energy biased technical change: a CGE analysis [J]. Resource and energy economics, 2007, 29: 137-158.

[93] PERI G. Determinants of knowledge flows and their effect on innovation [J]. Review of economics and statistics, 2005, 87 (2): 308-322.

[94] PETER K. KRUSE-ANDERSEN. Directed technical change, environmental sustainability, and population growth [J]. Journal of enviromental e-

conomics and management, 2023, 122.

[95] POLIMENI J M, IORGULESCU R. Jevons' paradox and the myth of technological liberation [J]. Ecological complexity, 2006, 3 (4): 344-353.

[96] POPP D. Induced Innovation and Energy Prices [J]. American economic review, 2002, 92 (1): 160-180.

[97] PORTER M E, LINDE C van der. Toward a New conception of the environment-competitiveness relationship [J]. Journal of economic perspectives, 1995, 9 (4): 97-118.

[98] POTTELSBERGHE B van, LICHTENBERG F. Does foreign direct investment transfer technology across borders? [J]. Review of economics and statistics, 2001, 83 (3): 490-497.

[99] POTTIER A, HOURCADE J, ESPAGNE E. Modelling the redirection of technical change: the pitfalls of incorporeal visions of the economy [J]. Energy economics, 2014, 42: 213-218.

[100] REILLY J M. Green growth and the efficient use of natural resources [J]. Energy economics, 2012, 34: 85-93.

[101] RHOADES D F. Offensive-defensive interactions between herbivores and plants: their relevance in herbivore population dynamics and ecological Theory [J]. American naturalist, 1985, 125 (2): 205-238.

[102] ROGGE K S, SCHLEICH J. Do policy mix characteristics matter for low-carbon innovation? A survey-based exploration of renewable power generation technologies in germany [J]. Research policy, 2018, 47 (9): 1639-1654.

[103] ROMER P M. Endogenous technological change [J]. Journal of political economy, 1990, 98 (5): 71-102.

[104] SAMUELSON P A. A theory of induced innovation along kennedy-weisacker lines [J]. Review of economics and statistics, 1965, 47 (4): 343.

[105] SAUNDERS H D. A view from the macro side: rebound, backfire, and khazzoom-brookes [J]. Energy policy, 2000, 28 (6): 439-449.

[106] SCHMIDT T S, SCHNEIDER M, ROGGE K S. The effects of climate policy on the rate and direction of innovation: a survey of the EU ETS and the electricity sector [J]. Environmental innovation and societal transitions,

2012, 2: 23-48.

[107] SCHMUTZLER A, GOULDER L H. The choice between emission taxes and output taxes under imperfect monitoring [J]. Journal of environmental economics and management, 1997, 32 (1): 51-64.

[108] SHAO S, YANG L, YU M. Estimation, Characteristics and determinants of energy-related industrial CO2 emissions in Shanghai (China), 1994-2009 [J]. Energy policy, 2011, 39 (10): 6476-6494.

[109] SMULDERS S, NOOIJ M De. The impact of energy conservation on technology and economic growth [J]. Resource and energy economics, 2003, 25: 59-79.

[110] SORRELL S. Jevons' paradox revisited: the evidence for backfire from improved energy efficiency [J]. Energy policy, 2009, 37 (4): 1456-1469.

[111] SUE WING I. Representing induced technological change in models for climate policy analysis [J]. Energy economics, 2006, 28 (5): 539-562.

[112] TANAKA S. Environmental regulations on air pollution in China and their impact on infant mortality [J]. Journal of health economics, 2015, 42: 90-103.

[113] WANG C, LIAO H, PAN S. The fluctuations of China's energy intensity: biased technical change [J]. Applied energy, 2014, 135: 407-414.

[114] WANG X, WANG T. Energy conversion analysis of hydrogen and electricity co-production coupled with in situ CO2 capture [J]. Energy for sustainable development, International energy initiative, 2012, 16 (4): 421-429.

[115] WITAJEWSKI-BALTVILKS J, VERDOLINI E, TAVONI M. Induced technological change and energy efficiency improvements [J]. Energy economics, 2017, 68: 17-32.

[116] WU H, GUO H, ZHANG B. Westward movement of new polluting firms in China: pollution reduction mandates and location choice [J]. Journal of comparative economics, 2017, 45 (1): 119-138.

[117] XIU J, ZHANG G, HU Y. Which kind of directed technical change does China's economy have? From the perspective of energy-saving and low-carbon [J]. Journal of cleaner production, 2019, 233: 160-168.

[118] YANG F, CHENG Y, YAO X. In fluencing factors of energy technical innovation in China: evidence from fossil energy and renewable energy [J]. Journal of cleaner production, 2019, 232: 57-66.

[119] YANG Z, SHAO S, YANG L. Improvement pathway of energy consumption structure in China's industrial sector: from the perspective of directed technical change [J]. Energy economics, 2018, 72: 166-176.

[120] YOO S, WOONG K, YOSHIDA Y. Revisiting jevons's paradox of energy rebound: policy implications and empirical evidence in consumer-oriented financial incentives from the japanese automobile market, 2006-2016 [J]. Energy policy, 2019, 133 (2): 110923.

[121] ZHA D, SAVIO A, SI S. Energy-biased technical change in the Chinese industrial sector with CES production functions [J]. Energy, 2018, 148: 896-903.

[122] ZHA D, SAVIO A, SI S. Energy biased technology change: focused on Chinese energy-intensive industries [J]. Applied energy, 2017, 190: 1081-1089.

[123] ZHANG H. Exploring the impact of environmental regulation on economic growth, energy use, and CO2 emissions nexus in China [J]. Natural hazards, 2016, 84 (1): 213-231.

[124] ZHANG Y, PENG Y, MA C. Can environmental innovation facilitate carbon emissions reduction? Evidence from China [J]. Energy policy, 2017, 100 (10): 18-28.

[125] ZHAO J, ZHAO Z, ZHANG H. The impact of growth , energy and financial development on environmental pollution in China: new evidence from a spatial econometric analysis [J]. Energy economics, 2019: 104506.

[126] ZHAO X, YIN H, ZHAO Y. Impact of environmental regulations on the efficiency and CO2 emissions of power plants in China [J]. Applied energy, 2015, 149: 238-247.

[127] ZHU J, FAN Y, DENG X. Low-carbonInnovation induced by emissions [J]. Nature communications, 2019 (10): 4088.

[128] 白俊红，蒋伏心. 协同创新、空间关联与区域创新绩效 [J]. 经济研究，2015，50 (7): 174-187.

[129] 白俊红，王钺，蒋伏心，等. 研发要素流动、空间知识溢出与经济增长 [J]. 经济研究，2017 (7)：109-123.

[130] 蔡昉，都阳，王美艳. 经济发展方式转变与节能减排内在动力 [J]. 经济研究，2008 (6)：4-36.

[131] 柴建，郭菊娥，席酉民. 我国单位 GDP 能耗的投入占用产出影响因素分析 [J]. 管理科学学报，2009，12 (5)：141-148.

[132] 陈诗一. 能源消耗、二氧化碳排放与中国工业的可持续发展 [J]. 经济研究，2009 (4)：41-55.

[133] 陈诗一，陈登科. 雾霾污染、政府治理与经济高质量发展 [J]. 经济研究，2018 (2)：20-34.

[134] 陈诗一，林伯强. 中国能源环境与气候变化经济学研究现状及展望：首届中国能源环境与气候变化经济学者论坛综述 [J]. 经济研究，2019 (7)：203-208.

[135] 陈宇峰，朱荣军. 能源价格高涨会诱致技术创新吗？[J]. 经济社会体制比较，2018 (2)：140-150.

[136] 陈宇峰，贵斌威，陈启清. 技术偏向与中国劳动收入份额的再考察 [J]. 经济研究，2013 (6)：113-126.

[137] 戴天仕，徐现祥. 中国的技术进步方向 [J]. 世界经济，2010 (11)：54-70.

[138] 单豪杰. 中国资本存量 K 的再估算：1952—2006 年 [J]. 数量经济技术经济研究，2008 (10)：17-31.

[139] 董直庆，蔡啸，王林辉. 技术进步方向、城市用地规模和环境质量 [J]. 经济研究，2014 (10)：111-124.

[140] 董直庆，蔡啸，王林辉. 技能溢价：基于技术进步方向的解释 [J]. 中国社会科学，2014 (10)：22-40.

[141] 董直庆，王辉. 环境规制的“本地—邻地”绿色技术进步效应 [J]. 中国工业经济，2019 (1)：100-11.

[142] 傅家骥，施培公. 技术积累与企业技术创新 [J]. 数量经济技术经济研究，1996 (11)：70-73.

[143] 傅元海，唐未兵，王展祥. FDI 溢出机制、技术进步路径与经济增长绩效 [J]. 经济研究，2010 (7)：92-104.

[144] 傅智宏，杨先明，徐超. 中国外部能源偏向型技术进步与经济增

长［J］. 统计与信息论坛，2019，34（9）：44-51.

［145］顾元媛，沈坤荣. 地方政府行为与企业研发投入：基于中国省际面板数据的实证分析［J］. 中国工业经济，2012，295（10）：77-88.

［146］何小钢，王自力. 能源偏向型技术进步与绿色增长转型：基于中国33个行业的实证考察［J］. 中国工业经济，2015（2）：50-62.

［147］江小涓，李蕊. FDI对中国工业增长和技术进步的贡献［J］. 中国工业经济，2002（7）：5-16.

［148］蒋伏心，王竹君，白俊红. 环境规制对技术创新影响的双重效应：基于江苏制造业动态面板数据的实证研究［J］. 中国工业经济，2013（7）：44-55.

［149］景维民，张璐. 环境管制、对外开放与中国工业的绿色技术进步［J］. 经济研究，2014（9）：34-47.

［150］李斌，彭星，欧阳铭珂. 环境规制、绿色全要素生产率与中国工业发展方式转变：基于36个工业行业数据的实证研究［J］. 中国工业经济，2013（4）：56-68.

［151］李斌，赵新华. 经济结构、技术进步与环境污染：基于中国工业行业数据的分析［J］. 财贸经济，2011，37（4）：112-122.

［152］李多，董直庆. 绿色技术创新政策研究［J］. 经济问题探索，2016（2）：49-53.

［153］李虹，熊振兴. 生态占用、绿色发展与环境税改革［J］. 经济研究，2017（7）：124-138.

［154］李婧，谭清美，白俊红. 中国区域创新生产的空间计量分析：基于静态与动态空间面板模型的实证研究［J］. 管理世界，2010（7）：43-65.

［155］李强，聂锐. 环境规制与区域技术创新［J］. 中南财经政法大学学报，2009（4）：18-23.

［156］李小平，李小克. 偏向性技术进步与中国工业全要素生产率增长［J］. 经济研究，2018（10）：82-96.

［157］李永友，文云飞. 中国排污权交易政策有效性研究：基于自然实验的实证分析［J］. 经济学家，2016（5）：19-28.

［158］林伯强，李江龙. 环境治理约束下的中国能源结构转变：基于煤炭和二氧化碳峰值的分析［J］. 中国社会科学，2015（9）：84-107.

［159］林伯强，李江龙. 基于随机动态递归的中国可再生能源政策量化评价［J］. 经济研究，2014（4）：89-103.

［160］林伯强，刘泓汛. 对外贸易是否有利于提高能源环境效率：以中国工业行业为例［J］. 经济研究，2015（9）：127-141.

［161］林伯强，姚昕，刘希颖. 节能和碳排放约束下的中国能源结构战略调整［J］. 中国社会科学，2010（1）：58-72.

［162］林伯强，邹楚沅. 发展阶段变迁与中国环境政策选择［J］. 中国社会科学，2014（5）：81-95.

［163］刘瑞明，赵仁杰. 西部大开发：增长驱动还是政策陷阱：基于PSM-DID方法的研究［J］. 中国工业经济，2015（6）：32-43.

［164］彭海珍，任荣明. 环境政策工具与企业竞争优势［J］. 中国工业经济，2003（7）：75-82.

［165］蒲志仲，刘新卫，毛程丝. 能源对中国工业化时期经济增长的贡献分析［J］. 数量经济技术经济研究，2015（10）：3-19.

［166］齐绍洲，林屾，崔静波. 环境权益交易市场能否诱发绿色创新?：基于我国上市公司绿色专利数据的证据［J］. 经济研究，2018（12）：129-143.

［167］钱娟. 能源节约偏向型技术进步对经济增长的影响研究［J］. 科学学研究，2019，37（3）：436-449.

［168］钱水土，周永涛. 金融发展、技术进步与产业升级［J］. 统计研究，2011（1）：68-74.

［169］丘海斌. 中国制造业能源消费存在杰文斯悖论吗［J］. 经济学家，2016（3）：32-39.

［170］邵帅，李欣，曹建华，等. 中国雾霾污染治理的经济政策选择：基于空间溢出效应的视角［J］. 经济研究，2016（9）：73-88.

［171］邵帅，杨莉莉，黄涛. 能源回弹效应的理论模型与中国经验［J］. 经济研究，2013（2）：96-109.

［172］沈能. 环境效率、行业异质性与最优规制强度：中国工业行业面板数据的非线性检验［J］. 中国工业经济，2012（3）：56-68.

［173］沈能，刘凤朝. 高强度的环境规制真能促进技术创新吗?：基于"波特假说"的再检验［J］. 中国软科学，2012（4）：49-59.

［174］盛斌，吕越. 外国直接投资对中国环境的影响：来自工业行业

面板数据的实证研究［J］. 中国社会科学，2012（5）：54-75.

［175］宋马林，王舒鸿. 环境规制、技术进步与经济增长［J］. 经济研究，2013（3）：122-134.

［176］孙才志，王雪利，王嵩. 环境约束下中国技术进步偏向测度及其空间效应分析［J］. 经济地理，2018，38（9）：38-46.

［177］孙传旺，罗源，姚昕. 交通基础设施与城市空气污染：来自中国的经验证据［J］. 经济研究，2019（8）：136-151.

［178］孙晓华，王昀，徐冉. 金融发展、融资约束缓解与企业研发投资［J］. 科研管理，2015（5）：47-54.

［179］唐未兵，傅元海，王展祥. 技术创新、技术引进与经济增长方式转变［J］. 经济研究，2014（7）：31-43.

［180］涂红星，肖序. 环境管制对自主创新影响的实证研究：基于负二项分布模型［J］. 管理评论，2014（1）：57-65.

［181］涂正革，谌仁俊. 排污权交易机制在中国能否实现波特效应?［J］. 经济研究，2015（7）：160-173.

［182］王班班. 环境政策与技术创新研究述评［J］. 经济评论，2017（3）：131-148.

［183］王班班，齐绍洲. 市场型和命令型政策工具的节能减排技术创新效应：基于中国工业行业专利数据的实证［J］. 中国工业经济，2016（6）：91-108.

［184］王班班，齐绍洲. 中国工业技术进步的偏向是否节约能源［J］. 中国人口·资源与环境，2015，25（7）：24-31.

［185］王班班，齐绍洲. 有偏技术进步、要素替代与中国工业能源强度［J］. 经济研究，2014（2）：115-127.

［186］王锋，冯根福，吴丽华. 中国经济增长中碳强度下降的省区贡献分解［J］. 经济研究，2013（8）：143-155.

［187］王锋，吴丽华，杨超. 中国经济发展中碳排放增长的驱动因素研究［J］. 经济研究，2010（2）：123-136.

［188］王国印，王动. 波特假说、环境规制与企业技术创新：对中东部地区的比较分析［J］. 中国软科学，2011（1）：100-112.

［189］王建明，王俊豪. 公众低碳消费模式的影响因素模型与政府管制政策：基于扎根理论的一个探索性研究［J］. 管理世界，2011（4）：58-

68.

[190] 王林辉，王辉，董直庆. 经济增长和环境质量相容性政策条件：环境技术进步方向视角下的政策偏向效应检验 [J]. 管理世界，2020 (3)：39-60.

[191] 王鹏，谢丽文. 污染治理投资、企业技术创新与污染治理效率 [J]. 中国人口·资源与环境，2014，24 (9)：1-8.

[192] 王书平，戚超，李立委. 碳税政策、环境质量与经济发展：基于DSGE 模型的数值模拟研究 [J]. 中国管理科学，2016 (24)：938-941.

[193] 王志高，王如玉，梁琦. 企业创新成功率与城市规模 [J]. 统计研究，2016，33 (7)：56-63.

[194] 魏巍贤，杨芳. 技术进步对中国二氧化碳排放的影响 [J]. 统计研究，2010，27 (7)：36-44.

[195] 吴延兵. R&D 存量、知识函数与生产效率 [J]. 经济学 (季刊)，2006，5 (4)：1129-1156.

[196] 徐斌，陈宇芳，沈小波. 清洁能源发展、二氧化碳减排与区域经济增长 [J]. 经济研究，2019 (7)：188-202.

[197] 徐双明，钟茂初. 环境政策与经济绩效：基于污染的健康效应视角 [J]. 中国人口·资源与环境，2018，28：130-139.

[198] 许和连，邓玉萍. 外商直接投资导致了中国的环境污染吗?：基于中国省际面板数据的空间计量研究 [J]. 管理世界，2012 (2)：30-43.

[199] 闫晓霞，张金锁. 资源替代、技术进步和环境约束下的内生经济增长模型 [J]. 数学的实践与认识，2016，46 (11)：61-68.

[200] 闫晓霞，张金锁，邹绍辉. 新常态下能源间替代弹性预测：基于GA-SA 方法 [J]. 中国管理科学，2015，23 (11)：755-762.

[201] 严成樑，周铭山，龚六堂. 知识生产、创新与研发投资回报 [J]. 经济学 (季刊)，2010，9 (3)：1051-1070.

[202] 杨继生，徐娟，吴相俊. 经济增长与环境和社会健康成本 [J]. 经济研究，2013 (12)：17-29.

[203] 杨骞，刘华军. 中国二氧化碳排放的区域差异分解及影响因素：基于1995-2009 年省际面板数据的研究 [J]. 数量经济技术经济研究，2012 (5)：36-49.

[204] 叶琴，曾刚，戴劭勍，等. 不同环境规制工具对中国节能减排技

术创新的影响：基于285个地级市面板数据［J］. 中国人口·资源与环境，2018（2）：115-122.

［205］易信，刘凤良. 金融发展、技术创新与产业结构转型：多部门内生增长理论分析框架［J］. 管理世界，2015（10）：24-40.

［206］于立宏，贺媛. 能源替代弹性与中国经济结构调整［J］. 中国工业经济，2013（4）：30-42.

［207］余东华，孙婷. 环境规制、技能溢价与制造业国际竞争力［J］. 中国工业经济，2017（5）：35-53.

［208］张成，陆旸，郭路，等. 环境规制强度和生产技术进步［J］. 经济研究，2011（2）：113-124.

［209］张征宇，朱平芳. 地方环境支出的实证研究［J］. 经济研究，2010（5）：82-94.

［210］张中元，赵国庆. FDI、环境规制与技术进步：基于中国省级数据的实证分析［J］. 数量经济技术经济研究，2012（4）：19-32.

［211］赵红. 环境规制对中国产业技术创新的影响［J］. 经济管理，2007，29（21）：57-61.

［212］赵玉民，朱方明，贺立龙. 环境规制的界定、分类与演进研究［J］. 中国人口·资源与环境，2009，19（6）：85-90.

［213］张希良，黄晓丹，张达，等. 碳中和目标下的能源经济转型路径与政策研究［J］. 管理世界，2022（1）：35-66.

［214］邵帅，范美婷，杨莉莉. 经济结构调整、绿色技术进步与中国低碳转型发展：基于总体技术前沿和空间溢出效应视角的经验考察［J］. 管理世界，2022（2）：46-69.

［215］尹恒，李辉，张道远. 中国制造业技术进步方向的识别与估计［J］. 经济研究，2023，58（4）：58-76.

［216］熊灵，闫烁，杨冕. 金融发展、环境规制与工业绿色技术创新：基于偏向性内生增长视角的研究［J］. 中国工业经济，2023（12）：99-116.

［217］刘金科，肖翊阳. 中国环境保护税与绿色创新：杠杆效应还是挤出效应？［J］. 经济研究，2022，57（1）：72-88.

［218］袁礼，周正. 环境权益交易市场与企业绿色专利再配置［J］. 中国工业经济，2022（12）：127-145.